中国近代伦理学文献丛刊

李义天　张远航◎主编

第四部分·第五册

CCTP
中央编译出版社
Central Compilation & Translation Press

出版说明

中国近代伦理学文献丛刊共计收录中国近现代伦理学文献三十二种，分作四辑，每辑所收文献按当时出版时序排列。本次整理，皆按底本影印，以存文献版本旧貌。底本原文或有舛错，本次整理未予订正，如伦理学（斯宾挪莎著，伍光建译）第一册第十一题目录作『神或本质原为无限属性所备造而成者而每一个属性则是发表永恒及无限然则神或本质要素者是必然有者』，但正文却为『神或本质原为无限属性所备造而成者而每一个属性则是发表永恒及无限然不神或本质要素者是必然有者』，虽神与不神仅一字之差，但意迥然不同；又如日本元良勇次郎著伦理学第二十四章目录作『纳税兵役之义务』，而正文却为『国家伦理　纳税与兵役之义务』，差异明显。此外，底本皆为繁体中文，本次整理，唯前言、目录及书眉等整理文字，为适宜今人阅读，皆作简体中文。特此说明。

前言

李义天

中国有着悠久的伦理文化传统与伦理思想传统。自先秦、经汉唐、至明清，前人先贤围绕善恶、是非、义利、廉耻等问题展开的讨论及其形成的知识成果，为我们留下了丰厚的文化遗产与思想资源。在这个意义上，作为一门学问的伦理学，在中华学术谱系中始终存在。然而，作为一门学科的伦理学，对于中国学术来说，却是一件近代以来才发生的事情。

学问的确立可以是学者个人的成就，但学科的确立却与学术制度的转型、学术形态的自觉，以及学术背景的更替密切相关。这些方面都必须在近代中国社会的语境中得到理解。具体而言：

其一，作为一门学科的伦理学，奠基于近代教育制度和教育体系的发展。正是在近代教育制度和教育体系（尤其是大学教育体系）的『学科化』进程中，细密的学科划分逐渐形成，清晰的学科意识逐渐确立。由此，学者对知识的探讨，不再意味着单纯的研究，而是建制上的学科建设。对近代中国学人而言，『伦理学』概念的出现以及学科的形成，正是近代中国在文明碰撞之间吸纳、改造近代教育体系及其学术制度的现实产物。

其二，作为一门学科的伦理学，不仅需要具备专门的研究题材与研究方法，更要有针对这些题材与方法的自觉总结和反思。因此，仅仅探讨有关善恶的问题、论证关乎善恶的要求，或许能够形成伦理学学问的主要框架，但不足以构成伦理学学科的完整内容。作为学科的伦理学，还必须在探讨和论证具体命题的基础上，对其背后的理由与方法加以提炼与批判。要做到这一点，则必须梳理、评析已有的观点与路径。在这个意义上，近代中国学人对伦理学方法论和伦理学思想史的研究自觉，乃是这门学科在近代中国初步成型的必要条件。

其三，作为一门学科的伦理学，无论是涉及教育体系与知识门类的『学科化』，还是涉及研究方法与思想历程的『自觉化』，都必须置于中国与世界交往的近代语境中来理解。在『作为学问的伦理学』向『作为学科的伦理学』的转变过程中，近代中国学人对西方伦理史籍的大规模翻译、对当时国外学界新近文献（尤其是思想史著作）的批评性介绍，以及他们立足本土而展开的系统阐释与重构，无疑是最重要的内在动力。这些动力及其带来的转变，恰恰是在近代中国的特定历史背景下，作为一系列近代事件而发生的。

因此，要理解作为一门学科的伦理学在中国的起步与发展，就必须对近代中国伦理学的理论实践加以关注。其中，最为基础的一项工作便是对当时研究和译介的基本文献进行搜集、整理与汇编。可以说，只有做好这项工作，我们才能印证中国伦理学学科所具有的近代性质，才能描述中国传统伦理思想向现代人文学科范式的转变过程，才能理解过去一百五十年间中国伦理学发展的曲折与波动，也才能帮助我们在此基础上推进当代中国伦理学的学术研究与学科建设。作为历史资料，这些近代文献对于直面历史、正视历史并希望能从历史中汲取经验的每一位伦理学人来说，都是无法忽视和规避的。

基于上述考虑，我们从二十世纪上半叶的相关文献材料中，择取了三十余部作品，分作四辑，每辑依其出版年序加以汇编整理。根据题材类型，它们大致被分为四类：

（一）史籍类。主要包括近代中国学人对西方伦理思想若干重要文献的翻译作品。它们可以映射出，当时的中国伦理学人在面向西方伦理思想时所采取的关注视角与选择范围。

（二）史论类。主要包括当时具有一定影响的伦理思想史研究著作。就内容主题而言，其中既有关于西方伦理思想史的研究，也有关于中国伦理思想史的研究；就出版类型而言，既有中国学者的原创研究，也有对同时期外国学者的成果译介。它们可以展示出，当时的中国伦理学人所接受的伦理思想史框架及其主要线索。

（三）著述类。主要包括近代中国学人对伦理学基本问题的思考和阐发。其中不仅含有一些导论性、概论性作品，也涉及一些基于特定立场或针对特定领域的研究专著。它们可以反映出，当时的中国伦理学人对伦理学整体或其分支的基本判断和理解深度。

（四）讲稿类。主要包括当时使用的若干伦理学讲义或教材。同样地，这一部分也是既包括中国学者或教育者的作品，也包括当时翻译过来作为教材或教学资料使用的文本。它们可以体现出，当时的中国伦理学学科教育所涉及的大致范围和程度。

值得特别强调的是，作为近代中国的思想文献，其在内容和表述上不可避免地存在这样或那样的历史局限。如今看来，其中有些说法和论证并不恰当甚或错误。但是，这也恰好体现了伦理学作为一门人文学科所无法摆脱的历史性与经验性，也再次证明了唯物史观关于道德学说在根本上受制于社会发展这一判断的有效性与正确性。因此，基于对历史事实的尊重，我们最大限度地将这些文献循其原貌，汇编成册，影印出版。我们期待，当代学人不仅能够抱着历史的眼光去认真地观察和理解它们，更能抱着历史的眼光去严肃地批判与剖析它们。只有这样，当代中国的伦理学研究才更可能去粗取精、去伪存真，也才更可能自成一体，贯通古今，奔向未来。

壬寅春于清华园

中國倫理思想ABC

ABC叢書發刊旨趣

徐蔚南

西文ABC一語的解釋，就是各種學術的階梯和綱領。西洋一種學術都有一種ABC：例如相對論便有英國當代大哲學家羅素出來編輯一本相對論ABC；進化論便有進化論ABC；心理學便有心理學ABC。我們現在發刊這部ABC叢書有兩種目的：

第一　正如西洋ABC書籍一樣，就是我們要把各種學術通俗起來，普遍起來，使人人都有獲得各種學術的機會，使人人都能找到各種學術的門徑。我們要把各種學術從智識階級的掌握中解放出來，散遍給全體民衆。ABC叢書是通俗的大學教育，是新智識的泉源。

第二　我們要使中學生大學生得到一部有系統的優良的教科書

或參考書。我們知道近年來青年們對於一切學術都想去下一番工夫，可是沒有適宜的書籍來啓發他們的興趣，以致他們求智的勇氣都消失了。這部ABC叢書，每册都寫得非常淺顯而且有味，青年們看時，絕不會感到一點疲倦，所以不特可以啓發他們的智識慾，并且可以使他們於極經濟的時間內收到很大的效果。ABC叢書是講堂裏實用的教本，是學生必辦的參考書。

我們為要達到上述的兩重目的，特約海內當代聞名的科學家，文學家，藝術家以及力學的專門研究者來編這部叢書。

現在這部ABC叢書一本一本的出版了，我們就把發刊這部叢書的旨趣寫出來，海內明達之士幸進而教之！

一九二八，六，二九。

序

這本書的初稿，原是作者去年在嶺南大學所講授的講義，略經整理後，在廣州付梓者。今因初版將罄，適見世界書局有ABC叢書之發刊，頗贊同其旨趣；且本書容量亦適與相稱，爰再稍加修改，讓由世界書局印行。

關於中國倫理的書，除清末（庚戌年即一九一〇年）商務所出版之蔡元培氏中國倫理學史而外，在這二十年中，竟不見更有第二部書出現。（張宗元林科棠合譯的日人三浦所著中國倫理學史，自不能算）這種廣陵絕響的現象，不能不引爲我國學術界之憂！本書誠簡陋無狀，不過欲引起國人有志者在此方面更有所努力而已。蔡氏和三浦氏兩書，都是歷史的，縱的；本書是水平面的，橫的。所以取如此形式者，因不佞在海外時，數被彼都學界中人——在國內亦屢遇此機會——邀問中國倫理的要點，究竟是什麽？數千年長而龐雜的倫理史，宜乎其爲異邦人望洋興嘆！不但他們外國人，怕連我們自已，也不容易簡括扼要地把本國倫理思想，用一席話敍述出來。但這種起碼智識，難道我們可以諉謝麽？試問我們有何正當的口實呢？

加以晚近統一告成，建設伊始，國民政府屢有恢復固有道德之明令。畢竟所謂「固有道德」者是些什麽東西？糟粕乎？珍寶乎？骸骨乎？靈丹乎？不有澈底的研究，精詳的分析，何從着手做第二步工夫？我國今日之大患，實在兩極端的籠統：一方面有保存國粹家，不分皂白地主張：一切的一切都是神聖不可侵犯；他方面有岸然以激烈派自誇的人們，又不分皂白地主張一古腦兒丟入毛廁。我們的態度是認爲：凡應付一對象，或一種材料，不問它新舊美醜，古董時髦，總得平心靜氣，研究考查，加以極精細的分析，與有系統的展覽。必先明白它究竟「是什麼」what is，而後纔談到「應該是什麼」what ought to be。

民國十八年二月　扶雅識於南華小佳山房。

目次

第四章　本務論

中國倫理思想ABC

第一章 引論

一 本問題的重要

近幾年來，隨處都聽得到「舊道德已崩頹，新道德未建樹」兩句話。這種所謂青黃不接的原因，似乎足以說明方今世風日下人心日乖的現象。但過細一考查，這些論斷，其實似是而非。母親早經死朽，兒子還沒投胎：這是何等滑稽的謬論！世界上那裏會有「舊者已全去，新者尚未生」這麼一回事？萬象總是遞嬗，決無絕對的空虛。今日我國社會人心之所以呈混擾苦亂，決非關於所謂舊道德已倒新道德未立的倫理虛無狀態。眞相是：一方面舊思想雖似搖動，却依然保有它相當的權威；他方面新思想確已蓬勃發生，却多不幸作畸形的成長。因此形成左列兩派之各走極端，不能協化，而呈極大的衝撞軋轢：

一、主張什麼總是舊的好，新的完全不好，非堵遏不可；

二、主張什麼都是新的好，舊的應即送往墳墓。

以婚姻問題爲例，第一派認父母之命，媒妁之言，三禮六禾爲正當辦法，第二派認絕對自由戀愛爲合理。兩種勢力同時存在於一社會上，那得不衝突紛爭？但是最可憐的，還有那第三類的混合派：他們怕完全襲用舊制，必被新界中人所唾罵，又怕毅然採行新法，必被舊界中人所齒冷，只好泄泄沓沓搔首踟蹰地走那非驢非馬的混合門徑，新新舊舊七七八八絕不自然地夾在一起，反弄得兩方面不討好，銜受着說不出的隱痛。你看多少青年士女的慘劇，皆基於似舊非舊似新不新，一方面捨不得骸骨的留戀，他方面憧憬着笑迷迷狐狸精的絕大矛盾！這都可以證實今日中國倫理界，並非是入乎無政府狀態，却是屬於頑惡的多頭政治的病症。

我們認道德是爲人而設的，人非爲道德而設的。人事既非一成不變，道德亦決非一成不變。所以道德的代有變遷，是勢所必然的結果，絲毫不容置疑。所成爲問題的，只是如何改造。我以爲改造道德的着手方法，必是分析而批判：（一）何者會完全廢絕；（如纏足等）（二）何者應加以修改；（如父母在兒女婚姻中之地位等）（三）何者可保存而光大。（如敬老恤幼及見義勇爲等）所謂新道德的產生，不外這三方面努力的結果。舊道德之批判的研究，便是新道德之建設的提倡。我們在這本小册子上所要做的，就是把我國固有的和現存的倫理思想一齊放在實驗室中，絕無成見地加以解剖說明，而後估定其價值。這個我們深信爲當今唯一的急務。

二 何謂倫理思想

思想由問題而生，無問題便無思想。（參考杜威思惟術 J. Dewey: How we Think? 論思想之歷程，第一步必爲煩惑 Pre-plexity 或懷疑 Doubt）倫理思想必有倫理問題爲之前驅。沒有倫理問題發生，也就不會組成倫理思想。倫理問題是一種特殊的問題，和政治問題，社會問題，數理問題，心理問題……截然不同。其不同處卽由於倫理與心理，與數理，與政治……顯有互異。「倫理」二字，在希臘文寫做 ἦθος，拉丁語叫做

Mores，都含着慣俗，習用 Customs, usages 的意義、我國譯爲倫理，即指人倫日用的規範，倫理學即是研究人與人相互間日常行爲的學問。考「倫」字從人從侖，侖是參差不齊的意思。人生在世，有各種各樣接觸 Contact，就生出各種各樣的行爲 Conduct。因接觸了家庭，便有子的行爲，夫的行爲，妻的行爲或父母的行爲；因接觸了學校，便有同學的行爲，師生間的行爲，朋友間的行爲；因接觸了社會，國家，世界，便有同事同行同業的行爲，市民的行爲，世界公民的行爲等等。這些行爲是不會一日沒有的，因爲亞里士多德早經說過：人畢竟是社會的動物。行爲既是日常的，所以叫做倫常；倫常便具道德的意味。杜威與搭夫茨合著的倫理學 Dewey and Tufts; Ethics 一書中，下定義曰「倫理學是研討道德行爲的科學」

Ethics is the Science that deals with moral conduct。通常倫理學上講到「行爲」，已就指道德的行爲；而對於非屬道德的行爲，另叫做行動或動作。行爲必由（一）內部之目的（二）外部之動作兩方面合成。如祇限於純粹的內部目的，則屬於心理學範圍，而非倫理問題，例如戀愛、貪心、癡情、私願等等。若是純粹的外部動作，能屬於經濟（如吃飯）法律（如謀財害命）政治（如共產暴動）社會學（如結婚，生兒，死喪等）範圍，而亦非倫理問題。但若逢到內部與外部發生接觸處，顯出一種具目的的動作，——就是所謂行爲，這便成爲倫理問題，如因戀愛一女留學生，而對舊日糟糠之妻離婚，爲欲推翻腐敗政府救民出水火而舉行革命等等。人們對一倫理問題往往給予倫理判斷 Ethical judgment：說「這是好」，或說：「這是不對」，說：「這件事可嘉，可嘆賞！」或說：『這件事可憎，可痛惡！』進而推求：

（A）倫理之原理問題

- 道德本質問題
  - 怎樣叫做好？怎樣叫做不好？
  - 善是什麼？惡是什麼？
- 道德意識問題
  - 人何以知善惡之別？
  - 天生的呢？或是學得的呢？
- 道德標準問題
  - 善何以當爲？惡何以不當爲？
  - 因其有利故爲之乎？有害故不爲之乎？
  - 抑爲其善故爲之乎？爲其惡故不爲之乎？

（B）倫理之實踐問題

- 理想人格問題
  - 怎樣纔算完人？什麼是人生的正鵠？
  - 爲兒子的應當怎樣？爲公民應當怎樣？
- 本務問題
  - 若要達到人生的正鵠，即理想完人，
  - 對己的本務應怎樣？對人應怎樣？
- 德的問題
  - 怎樣能履行完成前項本務？

對於前列各種倫理問題的反省和解答，即是倫理思想。

倫理思想既由倫理問題而起，倫理問題又必因各地環境而不同；故西洋民族有西洋民族的倫理思想，印度民族有印度民族的倫理思想，中國民族有中國民族的倫理思想。譬如男女授受，西洋向來不成倫理問題，在中國則曾成倫理的大問題。

三 中國倫理思想的特徵與其變遷

道德是人爲的，非天定的：這是近代倫理學家所公認的結論。道德天降之說，無非由古代有權者所僞託。原始蠻族中的酋長，要定幾種規條，統治全族，恐自己不夠力，於是利用未開化人的迷信心，託言天命或神意，好像書經裏所講的：「天乃錫禹洪範九疇，」又如希伯來的摩西立法，說是耶和華上帝 Yahweh 顯示給他的。道德既由人爲，則環境不同，道德自必隨而不同，時代改變，道德自必隨而改變。中國民族道德觀念的起源、發展、和變遷，當然受中國環境和時代的支配。漢族最初生活在戈壁新疆一帶地方，（參考國故論叢屠孝實漢族西來考證一文）以言氣候，則極寒極熱；以言土地，則耕種惟艱；以言社會，則日與土人搏鬥，比較那享受恆河熱帶物產豐饒的印度民族和欣賞愛琴海島（Aegean sea）山明水媚的希臘民族起來，不得不格外勤勉耐勞，養成堅實的意思，以圖生存，自然談不到像印度人那樣冥想永生，或希臘人那樣愛慕美藝。因此漢族道德，一早就特具實踐性和現實性，這便範成了唐虞三代以來的儒家思想，而爲中國倫理的正統派。周末諸子蜂起，學說紛披，其中要算道家影響於中國人心最大，但仍不能革正統派的儒家倫理而代之，不過它着實注入了些新血液給儒家。到了中古，忽地佛教進來，又形成新舊倫理的扞格。然佛教中如出世思想，如冥契思想，究竟跟漢族脾胃不合：

可是其中確有若干成分漸被吸收同化。現代西洋倫理澎湃輸入，又和我國固有道德發生一種衝突。這衝突的情勢，現尚繼續着進行，沒有告結束，但某小部分亦已成中國新倫理。今將中國倫理思想數千年來演變大勢，用圖說明如下：

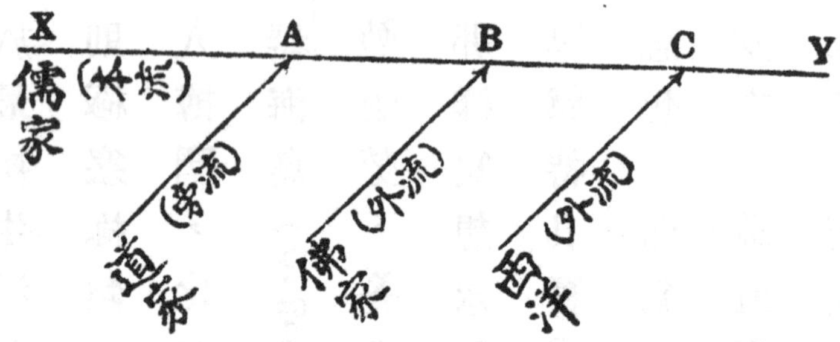

圖1

XY＝中國本色的倫理思想

A＝受道家的響影

B＝受佛家的影響

C＝受西洋的影響

A之證　淡於名利，飄然鳴高，上不臣天子，下不事諸侯之孤高的風尚，得自道家倫理思想，非與儒家不抗不卑之中道相同。

B之證　靜坐主敬等修養法，與刻苦修行 Asceticism 皆得自佛家。非與儒家務實主義的倫理相似。

C之證　本來中國女子不出閨門一步，今則男女同學於外，及女子取得在社會上之地位等。

中國倫理思想固然代有變遷，但其根柢似乎沒有更動；除非將來漢族經一極重大的血族革命（如被異族吞併同化等），或全部移住於中國地域以外，怕這根柢會永遠保持着不墮的勢力，這倫理根柢的主素是什麼？

1 實踐主義——（非神祕的，Non-mystical 非學理的 Non-theoretical。

2 家族中心——（非個人中心）

3 修養方法——（少論人生之本相）

第二章 中國倫理底基本觀念 Basic Ideas

第一節 天

一 天底概念

「天」這個字在中國民族中，有極普遍的勢力，極久的歷史，極大的威權。凡是碰到重要問題發生，或突然表示眞情的時候，必會牽涉到天。「人窮則呼天」，「天殺的！」「天知道啊！」「皇天不負善心人。」然中國人心目中底天，跟西洋底God概念不同。西洋底God始終被認爲有人格的Personal：中國底天，在我們最初代老祖宗的心理上，或有人形的觀念Anthropomorphic Idea，但不久便淘汰，而成爲抽象的意義。追溯「天」之起源，實由於我民族昔在西北大陸平原之地，無海島，無山巒，無大森林，日常所印象者只是一片浩浩無垠的蒼天。所以聰明的酋長伏羲造字，第一便劃個一字，以象一片無縫之形，表示這就是「天」。第二個字自然是日夜不斷接觸着的「地」；地也是漫漫的一片，不過有陷落爲澤的處所，故劃個一字來表示「地」是最好沒有的了。那時中國也跟世界上別的原始民族同樣經過神話時期，認天是個偉碩無比底人物，稱他做上帝。詩經中還遺留着「帝謂文王……」「上帝既命……」等句。後來智識日進，神人同形觀 Anthropomorphism 漸歸消滅，卒至「天」被解釋作「至高無上，從一從大」見說文 The Unique Greatness。於是天底概念昇化爲偉大完滿的品德（或可作品格Character但與人格Personality不同）如說：

「大哉堯之爲君，惟天爲大，惟堯則之。」孔子美堯之德

「夫子之不可及也，猶天之不可階而升也。」子貢美孔子之德

「人之行莫大於孝；孝莫大於嚴父，嚴父莫大於配天。」曾子美父之德

總而言之：「天」之進化的概念，是一種完德底象徵，並沒有什麽物質的血腥氣的人面目的意義。

二　天底作用

（甲）生成作用　人和萬物，皆由天生。「大哉乾元，萬物資始。」易乾卦「天生烝民，有物有則。」詩大雅「天者萬物之祖，萬物非天不生。」董仲舒春秋繁露天怎樣生萬物人類呢？天賦給一股氣，它們就都長出來了。「氣」底觀念當然由原民對於生命呼吸現象驚異而起。氣必是從天來的，因為天體流動；形乃從地來的，因為地質堅凝。地是靜的不變的，天是變化無常的：所以世上有動植礦物之不同，人類智愚之互異，必由於天所賦給的氣有厚薄清濁。氣便是萬物人類的靈魂，不過人得稟最清之氣於天，故人為萬物之靈。然天雖賦氣給人，却並不注定其一生命運，人仍可以自由修善其氣或惡化其氣。不過生的權柄，天所特操，這似乎是一般所承認的。

（乙）攝理作用　天之攝理並不似君皇統治人民樣的可以任意喜憎賞罰。上章說過，天只是品格而非人格，他對全宇宙無一定大目的，只看人的作為而定予奪。「天道福善禍淫」「天道無親常與善人」。（書湯誥）故天雖有賞罰禍福萬民之舉，而實不過虛君制度，毫無實權。他極似銀行中的付款員 Cashier 看明來人所提求的支票而付現。支票上的銀數是你個人的修積：你的功夫值五百，他給你五百，一千給你一千，天不限定你的。「積善之家必有餘慶，積不善之家必有餘殃。」（易乾卦）天底攝理祇是一種覆核權 Endorsement，不能任意加減，偏憎偏愛，不能多發一文或少給一文。從這方看來，天也受自然律的支配。所謂攝理作用，便是自然律的執行權而非自然律的立法權，自然律是誰製定？實踐性的中國人，不甚關心窮究，大概認爲先乎天而存在。天本身亦按照自然律而行動，故曰：「天地以順動，故日月不過而四時不忒，」「君子尙消息盈虛，天行也，」「天網恢恢，疏而不失，」「天敍有典，五典五惇哉！天秩有禮，五服五章哉、」因此我民族大抵傾向樂觀主義，因我們所生存的世界是公平而有秩序的。管理我們人類底天，非常正直守法，依理而行；我苟爲善，可以責報於天：善十分，索十分酬，善百分，索百分酬，如操左劵。天決不會故意虧待我。「民之所欲，天必從之。」「天視自我民視，天聽自我民聽。」（以上皆見書易兩經）司馬遷雖有「天道是耶非耶」底懷疑論，（史記伯夷列傳）然只是一種文學的牢騷，不能代表一般思想家與全民族底普遍觀念。

三　天與人之感應

人既得天之氣而生，自然與天有最密切的關聯。我們身心上一有什麼變化，立刻會牽動到天的變化；或大旱，或下甘露，或現彗星，或降霪雨，都是人事善惡的結果。「和氣致祥，乖氣致異。」「禍福無門，惟人自召，善惡之報，如影隨形。」這樣看來，人好像是個小天，天好像是人的放大照相。漢淮南子的人天生理心理學，便是發揮這個道理；他說：「天有四時五行九解三百六十日，人有四支五藏九竅三百六十節。」「天有風雨寒暑，人有取予喜怒。」「胆為雲，肺為氣，脾為風，腎為雨，肝為雷。」淮南子精神訓宋明理學家尤盛唱人天感應之說：「人之神，即天地之神。」邵康節「民吾同胞，物吾同與。」張橫渠「一人之心，卽天地之心；一物之理，卽萬物之理。」程伊川「人人有一太極，物物有一太極。」朱晦庵「宇宙便是吾心，吾心卽是宇宙。」陸象山「天者，吾性之象。」楊慈湖「人的良知就是草木瓦石的良知。」王陽明這些都在表明人與天是感通的，符洽的，決非敵對性的東西。

此種人天感應觀底來源，可以追溯到伏羲底畫八卦。一字表示「天」，同時也就表示男性，- -字表示「地」，同時也就表示女性。自然界與人事界，原來是通家。易繫辭傳說：「古者庖犧氏之王天下也，仰則觀象於天，俯則觀法於地，觀鳥獸之文，與地之宜，近取諸身，遠取諸物，於是始作八卦，以通神明之德，以類萬物之情。」其後神農軒轅等，皆按照天象，陸續造出器具，製成各種社會制度。舉幾個例如：耕具取巽上震下☴☳之卦，巽爲木，震爲雷爲動，上木下動，便是耒耜之象。如舟楫取巽上坎下☴☵之卦，巽爲木，坎爲水，木在水上，便是行舟之象。如兒童教育取艮上坎下☶☵之卦，艮爲山，坎爲水，山下之水爲泉源，便有喻擬人格養成之出發點，卽蒙養時期的意思；休假取坤上震下☷☳之卦，坤爲地，震爲雷，雷在地下，表蟄伏休止之義，所以放假閉市，『商旅不行，后不省方。』這樣，一切人事制度之製定，莫不取諸天然。故曰：『天生萬物，地以養之，聖人成之。功德參合而生道術。』（陸賈新語）生與養是天然的；成是人爲的——家法、婚制、祭祀、禮、樂、刑、政……無不象天而作，這纔是功德參合。人事反常，天卽隨而反常；所以『齊婦含寃，三年不雨，鄒衍下獄，六月飛霜』。她學瓊林天時篇你看春聯：『風調雨順』與『國泰民安』兩兩相對，何等恰當！天活像是面極大的鏡子，人們的行爲和存心，無不一一投射在其上，這的確是最好沒有的支配人類道德底一大勢力。

湊巧佛教又輸入中土，使漢族固有的『天網恢恢疏而不失』底觀念，又格外濃烈了幾層。佛教最動人處，是三世因果之說：『欲知前世因，今生受者是；欲知來世因，今生作者是。』業因苦果，世世輪迴，鐵鎖連環，難以解脫。『天老爺』和『佛菩薩』，遂同時縈纏一般人底心頭。一切天災人禍，總是惡行惡念之『報』。近來科學從西方突躍而進，中國人向來認爲『天垂象，示吉凶』底水、旱、河決、山崩、地震、蝗災、流疫等天然惡Natural evils，據天文學地質學生物學醫藥學底報告，完全與人事無關，人不能代其負責。因而「天」之權威，失墜了不少。「天」底西洋鏡旣已拆穿，一部分狡黠的人，以爲天已管不了我們，遂肆無忌憚自由作惡起來。他方面，科學所供給底新道德，如衛生學社會學等等所詰誡的：你不可亂吐痰，會貽害及你同胞的；你不可宿娼，會流毒到你子孫的一類話，對於一般人不算十分強而有力；而且科學智識，在目前也還談不到普及，自然道德的功效微薄到零度了！西洋宗教中底God，洋氣又太重，格格不入中國人的脾胃，怕代替不了中國人底「天」。過渡的救濟方法，或者會注入新意義於「天」這個舊名辭中，使它一方面不違背科學原理，他方面仍能支配一般人底居心和行動。然而怎樣重新解釋這個又老又久的名辭？確又是個極困難的問題。或竟「扶不起阿斗」徒勞無用，也未可知。

第二節　道

一　道底意義

「道」字在中國，起源甚早，勢力極大，支配着中國人心三千年之久，似乎算得是萬古不變的絕對標準。究竟「道」是什麽？據易繫辭傳和說卦傳上說：

『一陰一陽之謂道。……立天之道，曰陰與陽；立地之道，曰柔與剛；立人之道，曰仁與義。』

觀此，則道本身含具兩種相反的元素而永保持着圓滿調和均平諧合之玄妙活動。均衡Balance與和諧Harmony二義，素爲中國人最愛慕最憧憬最讚美之大理想。在日常生活中，無時無處不作這理想底表現。建築上的門戶，客廳裏的對聯椅儿，筵席上的八大八小，祭祀的蠟燭，文學中的鴛鴦文[illegible]等字和四六駢儷，戲劇中的才子佳人。溯其起源，實由於漢族初居西北時，日常印象最深者，惟頭上一片浩浩的蒼天，與脚下一片漫漫的大地，故造文字首爲一（即天字）--（即地字），其次最能引起較深的印象者，自然要算男女和合而呈生殖作用 Propagation 這件事。恰巧中國民族傾向實踐的、現世的、功利的，所以兒孫繁殖底價值特高。華封人三祝堯帝：『願使聖人壽，使聖人富，使聖人多男子』。見莊

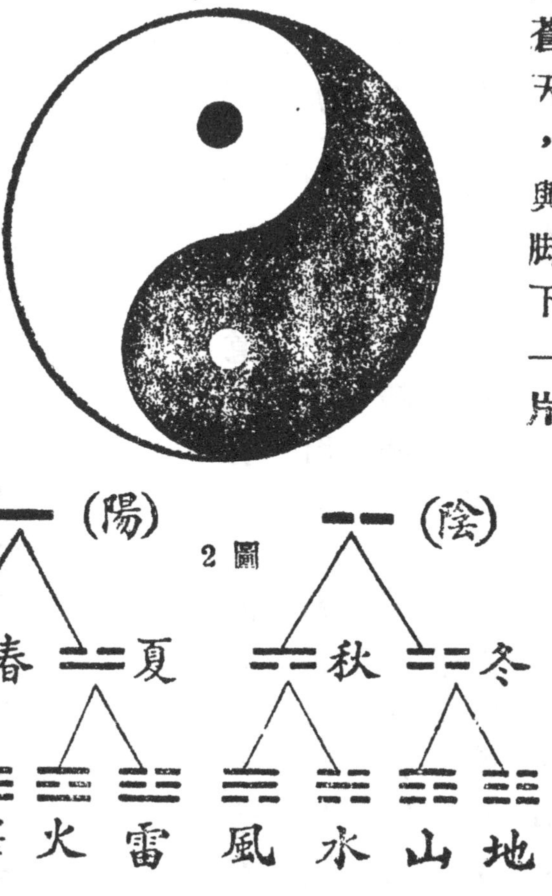

圖 2

仔由此一正一反的和諧，成爲中國人心目中唯一的理想。世界底本體是對稱而協和的太極圖。「兩儀生四象，四象生八卦」何等平衡！

這樣，道底意義是一絕對的中和；其屬性是無上眞，無上善，無上美。

二　道底表現

關於道底表現一問題，儒家和道家有不同的見解。儒家以爲道只在「天」和「聖人」之中完全顯出；道家是極端樂天派，認道無所不在。所以道底表現底範圍，道家廣過儒家好多。老子說道是「獨立而不改，周行而不殆」。（道德經廿二節）莊子說：「汝惟莫必，无乎逃物。至道若是，大言亦然。周、遍、咸，三者異名同實，其質也。」（知北遊篇）下面一段對話，更見透澈非常：

『東郭子問於莊子曰：「所謂道惡乎在？」莊子曰：「無所不在。」東郭子曰：「期而後可。」莊子曰：「在螻蟻」。曰：「何其下耶？」曰：「在稊稗」。曰：「何其愈下耶？」曰：「在瓦甓」。曰：「何其愈甚耶？」曰：「在屎溺」。』（莊子知北遊篇）

從道家的立場來看：道徧在於動、植、礦，三界和液、氣、固，三態。儒家便不然；他們認道底表現是有限制的。「率性之謂道」，不率性，就不是道了。孔子說：「舜其大知也歟！…執其兩端，用其中於民，」（中庸）這是認舜獨能表現中和之道。「天道福善禍淫」，（書湯誥）這是認天獨能運用此道。所以從儒家的觀點。道只表現於某特殊部分，並不是遍在的。原來儒家是道德家，道家是美術家；兩派性情氣質不同，難怪各有殊異的見地。但以道爲至好的表現，則雙方完全一致的。

（希伯來舊約創世記中的上帝也似乎是美術家。他造了水和陸看着是好的，造了草和木花和果，又看着是好的，造了日月星辰蟲魚禽獸和男人女子，看着一切都是極好的。）

三　道爲人生最高標準

無論道德儒家都絕對承認道是人生唯一最高標準。人果能受道支配，任道而動，便成理想完人。道底本質既是均衡的諧合的中和，則「守中」自是人生術底正鵠。「人心惟危，道心惟微，惟精惟一，允執厥中。」

（這十六字雖爲魏時王肅所自作而竄入尚書中底僞造品，但其在解釋我國倫理思想上則頗具價值。）

此執中之道心，乃堯以傳舜，舜以傳禹……湯，文，武，周公，孔子，所謂道統底便是。舜命夔立四德於天下：『直而溫，寬而栗，剛而無虐，簡而無傲，』用意是在養成中和的人格。皋陶賡之，作九德：『寬而栗，柔而立，愿而恭，亂而敬，擾而毅，直而溫，簡而廉，剛而塞，彊而義。』至禹，則以洪範九疇爲經世原則。九疇中底第五疇叫做「皇極」，卽大中至正的意思。這一疇底內容最精采的幾句是：『無偏無陂，遵王之義；（古音與「我」同）無偏無黨，王道蕩蕩；無黨無偏，王道平平；無反無側，王道正直。』（以上皆見書經）孔子刪詩，把關雎放在第一篇，說它『樂而不淫，哀而不傷，』（論語）是無過無偏恰到好處的感情表現。子思在中庸裏，分道爲「天道」與「人道」，而說：『誠者，天之道也；誠之者，人之道也。』所謂『誠之』，就是『率性』，就是動皆中節，無過無偏，所以他又說：『喜怒哀樂之未發謂之中，發而皆中節謂之和；中也者天下之大本，和也者天下之達道。致中和，天地位焉，萬物育焉。』六朝末葉有個王通，說過『執其中者惟聖人乎』這句話，又作了中說十篇。宋明八百年倫理思想，自周濂溪唱『聖人之道仁義中正而已』周子通書以來，一直奉着這中和作爲人生最完善的目標。這誠是我國儒家數千年來底祖傳祕笈！

道家如老子，表面上好似走極端，論調好似極激烈，其實他的理想——道，也是中和性的；他和儒家一般無二地主張「中」爲人生最高標準。『人法天，天法道，道法自然。』道德經老子底自然觀，是「有無相生，難易相成，長短相形，前後相隨，高下相傾」道德經底一大和諧。這種見解，原是一般浪漫派樂天家底本色。德國黑智兒G. W. F. Hegel底「正」Thesis「反」Antihtesis「合」Synthesis更是好例。有人以爲老子底道是等於「無」，「無」是何等澈底，怎能認作中和？那知老子所說的「無」，正是最中最和的諧合。它好比正負中間底「零」，是最平衡沒有的，是無過無不及的。

…+3，+2，+1，0，−1，−2，−3，…

所以老子底理想人生術是無爲：「聖人處無爲之事行不言之教。」道德經第二章他叫人別做人爲的動，一動就偏不是偏向「正」的方面，便會偏向「負」的方面。只有無爲最能得中正，最能合乎道，難怪胡適之先生要解作，「道便是無，無便是道」了。見中國哲學史大綱上中庸一書受道家影響最大，「喜怒哀樂之未發謂之中」一句話，的是「無爲」底正解。一任自然，不加矯揉造作。莊周所謂「因是」，楊朱所謂「任性而動」，都是道家薪傳的理想人生。照道家底看法，「偏」和「僞」都從人旁，都是理想人生底大障礙。僞卽是偏，偏卽是僞。反過來說：自然卽是中和，中和卽是自然。所以道家的人生最高標準也就是這個中和的『道』無疑了。

道者，路也，人人可走之大路也；不錯，『王道蕩蕩』。然想行得到中道，却是千難萬難。『中』非折半，非妥協，乃是恰到好處的妙境，不一分多，不一分少，不一分過，不一分不及。這種妙境，如果達到了，會使人寢食俱忘，甚至死都情願！孔子告訴我們道：「朝聞道，夕死可矣！」『君子憂道不憂貧。』論語中國人心目中底自然或天，便是這無時無處不是恰好底和諧；所謂「萬物並育而不相害，道並行而不相悖」。我們人生却不能常常有這和諧；要想得這和諧，必須各人自己努力。努力便是「德」。

四　道與德

道是公共普偏的，德是各個人自己所得的。道好似世上底空氣，德是我所吸入底空氣。所以離道無德，德必按道而行。老子說：『孔德之容，惟道是從。』（道德經廿一節）又說：『道生之，德畜之。』（五十一節）江袤解釋得最好：『無乎不在之謂道，自其所得之謂德。道者人之所共由；德者人之所自得也。』（焦竑：老子翼）德既是個人性的，故必須修，必須積。『修之於身，其德乃眞；修之於家，其德乃餘；修之於鄉，其德乃長；修之於天下，其德乃普。』（道德經五十四節）常常修積，便會純熟，便會養成習慣。習慣成自然。自然是道。所以德是達到道底塗徑。但無過無偏恰到好處底道，上段說過，是極不容易達到的，所以愈修德，愈覺不能滿足。你看凡是德行愈高的人，他必是愈加謙虛，好似誰都強過他樣的。「上德若谷，廣德若不足。」（道德經四十一節）「上德不德，是以有德。」德因愈修而愈高，愈高而愈感不足，愈感不足而愈努力勤修：這種幾何級數的不斷遞增，不斷創造，那有不會昇到『致中和，天地位，萬物育』底極境。大學裏有一段極剛勁的文章：

『康誥曰：「克明德」，帝典曰：「克明峻德」，皆自明也。湯之盤銘曰：「苟日新，日日新，又日新」。康誥曰：「作新民」。詩曰：「周雖舊邦，其命惟新。」是故君子無所不用其極。』

這種勤勉砥礪底精神，是中華民族的最大優點，亦可算得倫理思想中最當行出色處。佛教傳來，八聖道（正見，正思，正語，正業，正命，正念，正定，正精進。）之中，以「正精進」為主要；這正與我民族沆瀣相投，更鼓舞了我倫理界的新勇氣，由宋明直傳到清代的考證精神。道是和諧；和諧之一概念雖萬古不變，而和諧之具體標準，却時時演進。道因溶納「反動」的事物，故永在擴大中，豐富中；隨之向道而修行之德，亦就永無止境。西洋黑智兒底哲學最能與此意互相發明。道是「自始已竟完成而又永永方在完成」底大理想；它也是「既濟」，也是「未濟」，所以永得爲人生最高標準。

第三節 性（命）

一 性底概念和它在倫理上底地位

「性」底問題，惱了中國哲學家二千五百年。他們對性這樣重視底緣故，是因他們將人類行爲底善惡，籠總歸結到性底善惡。有許多人甚至說：「江山好改，本性難移」，這簡直承認性是決定人們一生命運底東西了。在日常談話中和古書上，都有將「性命」兩字，相提並稱。（如云：『乾道變化，各正性命』）那麼，性就是命嗎？或是大有區別的呢？「性」底觀念，在中國人心目中，似乎比現代科學的術語『本能』Instinct範圍要廣點。孟子曾下個定義說：『生之謂性』，這樣，性直等於西文底Life，但西人又常譯這性字爲Human nature（人性）畢竟人性是什麼，仍是一個含糊籠統的啞謎；而且榮稱「天命之謂性」底一般道學家，怕不高興同意這Human nature吧。總而言之：「性」字底內包和外延，顯非西文所能擬狀，而我國歷代論性者，也各有各的概念。不過概念雖萬別千殊，而其居人生上極重要底地位則一致公認。在西方**人生＝遺傳＋環境**底公式，在我國似乎公認爲人生＝性＋學 而「性」觀念底參差錯綜，即由於「學」底效能底伸縮。有一部分思想家，看重學底功用，以爲學可以影響或竟轉移這性。他方面更有不少的人認學只能活動於性的範圍內，好像同蘇格拉底所說：教育是產婆術，只能好好接生，却決不能造生。現在且把歷來討論性底問題，和評定它底善惡，善到如何程度，惡到如何程度底情形，分析敍次如左：

二　性學說底種種

（A）性絕對善說……此說大概道家唱之。如：

「歸根曰靜，是曰復命。」（老子道德經十六章）

「文滅質，博溺心，然後民始惑亂，無以返其性情而復其初。」（莊子）

『危，然後處其所而反其性，已又何爲哉？』（同上善性篇）

道家堅認自然是絕對善，人爲是絕對惡，性是自然，所以絕對善。像盧騷絕叫『返於自然！』Return to nature似地，道家也主張返性復命。

（B）性有善有惡說（性分等級說）……此說以爲人底稟賦有等差的：有的稟受最好的性，有的却稟受最壞的性，如近代教育學所分優材生和低能兒似地，天生就的不同。不過這派大概認上上性與下下性都絕少，普通總是伸縮於中上中下之間的，因此教育就十分重要了。如：

1 周孔子：『生而知之者上也，學而知之者次也，困而學之者次也，困而不學，民斯爲下矣。』

「性相近也，習相遠也，惟上智與下愚不移。」（以上皆論語）

2 漢王充：「人性有善有惡，猶人才有高有下也。命有貴賤，性有善惡。……九州田土之性，善惡不均，故有黄赤黑之別，上中下之差。」（論衡本性篇）

3 魏荀悅：「性雖善，待教而成，性雖惡，待法而消。惟上智與下愚不移，其次善惡交爭，於是教扶其善，法抑其惡。得施之九品：從教者半，畏刑者四分之三，其不移者大數九分之一也；一分之中，又有微移者矣。」（雜言篇）

4唐韓愈：「性之品有上中下三：上焉者，善焉而已矣；中者可導而上也；下也者惡而已矣。……上之性，就學而愈明；下之性，畏威而寡罪。是故上者可教，而下者可制也。」（原性）

（C）性傾向善說　此派大率爲受道家思想影響之儒家，如：

1子思：「天命之謂性，率性之謂道。」中庸。

2孟子：「人性之善也，猶水之就下。人無有不善，水無有不下。」「堯舜，性之也。湯武，反之也。」「人皆有不忍人之心。」「惻隱之心，人皆有之，羞惡之心，人皆有之，恭敬之心，人皆有之，是非之心，人皆有之。』『人之所不學而知者，其良知也，所不慮而能者，其良能也。』『孟子，盡心，公孫丑，告子等篇）

3 唐李翺：『人之所以爲聖者性也；人之所以惑其性者情也。』（復性書）

4 宋陸象山：『蓋人受天地之中以生，其本心無有不善，吾未嘗不以本心望之。』（與王順之書）

5 明王陽明：『心之本體卽天理也。天理之昭明靈覺，所謂良知也。』『良知之在人心，無間於聖愚，天下古今之所同也。』（王文成公全書卷二，卷五）

（D）性傾向惡說：

1周荀子：『人之性惡，其善者僞也。』『今人之性，生而好利焉；順是，故爭奪生而辭讓亡焉；順是，故殘賊生而忠信亡焉。生而有耳目之欲，有好聲色焉；順是，故淫亂生而禮義文理亡焉。然則從人之性，順人之情，必出於爭奪，合於犯分亂理，而歸於暴。』（性惡篇）

2漢董仲舒：『性，如繭如卵。卵待覆而爲雛，繭待繅而爲絲，性待教而爲善。……民受未能善之性於天，而退受成性之教於王。』『性比於禾，善比於米。米出禾中，而禾未可全爲米也。善出性中，而性未可全爲惡也。』（

3 清俞樾：「孩提之童，豈眞知愛其親歟？其母乳之，其父噢咻之，故赤子之愛者，私其所昵也。順是至於長大，於是有同異之見，於是有憎愛之私，而獄訟由此興，兵戎由此起。實足以明性之不善而已矣。」（賓朋集性說）

（E）性無善無惡說：

1 周告子：「生之爲性。」「性猶杞柳也，義猶桮棬也。以人性爲仁義，猶以杞柳爲桮棬。」「性猶湍水也，決諸東方則東流，決諸西方則西流。人性無分於善不善，猶水之無分於東西也。」（孟子告子篇）

2 宋程明道：「生之爲性，性卽氣，氣卽性，生之謂也。」「在天爲命，在義爲理，在人爲性，主於身爲心，其實一也。心本善，發於思慮，則有善不善，若旣發則爲之情，不可謂之心。譬如水，只謂之水，至於流而爲派，或行於東，或行於西，却謂之派也。」「性中原無有善惡，二物相對而出也。」（程子語錄）

（F）性善惡混說：

1 周世碩：以爲人性有善有惡，舉人之善性養而致之，則善長；惡性養而致之，則惡長。（見王充論衡本性篇上）

2 漢楊雄：『人之性也善惡混：修其善則爲善人，修其惡則爲惡人』。（法言修身篇）

3 宋張載：『形而後有氣質之性，善反之則天地之性成。』「天性之在人。正猶水性之在水，凝釋雖異，萬物一也。受光有大小明暗，其受納不二也」。（正蒙誠明篇）

4 宋朱熹：「論天地之性，則專指理而言；論氣質之性，則以理與氣雜而言之。以理言之則不全；以氣言之則不能無偏。」「人之性論明昏；物之性只有偏塞。」「天之所命，固是均一，到氣禀處便有不齊。……氣禀譬如俸給：貴，如官高者；賤，如官卑者；富，如俸

厚者；貧，如俸薄者；壽，如三兩年一任又再任者；夭，如不得終任者。」性理大全

古來所謂性絕對善，或絕對惡，或生來善惡已定等說，未免太缺少科學的根據。現代人類學生物學心理學發達底結果，我們已知道人性是由數千萬年前底獸性遺傳進化而來，其間經過種種的適應，有的已淘汰，有的已改變，有的尚存留。其中有傾向於現代大致認爲善的方面者，教育可以把它伸展起來；有傾向於現代大致認爲不好的方面者，教育可以減少或除絕其發洩的機會；其有中性的分子，教育更可以循循善導。所以就實際而言，在西洋，對於人性問題，遠不及看那環境問題來得重要。我國雖歷來都極重視先天，但同時幸亦不忘後天；不單上等有識之士，皆努力於教育與修養，

便是下等民衆，也向來曉得「萬般皆下品惟有讀書高」。但倘有一難解的問題，便是：有許多人明明禀着善性，又做的善行爲，却偏偏遇到惡結果；他方面也有許多人禀着惡性，做的惡事，却反得到善結果。例如夷齊餓死，顏囘早夭，盜跖長壽善終，李廣不得封侯等等，使人不得不信人生除性以外還有個更重要的叫做「命」這件東西，占着極大勢力。

三　性與命底關係

就中國歷史看來，性與命底關係有下列三種說法：

（一）命大於性者（或性與命一致者）　這由一部分的道家所主張。他們認全宇宙爲機械，一切動作出於自然如此，亦不得不如此。人生也屬宇宙中底一部，當然皆被支配於大機械之下。死生富貴，壽夭窮通，絕對由大自然安排定當。善性有善命，惡性有惡命，非人力所能損益分毫。列子力命篇裏有一段極妙的對話：

力謂命曰：「若之功奚若我哉？」命曰：「汝奚功於物而欲比朕？」力曰：「壽夭，窮達，貴賤，貧富，我力之所能也。」命曰：「彭祖之智，不出堯舜之上而壽八百。顏淵之才，不出衆人之下而壽四八。仲尼之德，不出諸侯之下而困於陳蔡。殷紂之行，不出三仁之上而居君位。季札無爵於吳；田恆專有齊國。夷齊餓於首陽，季氏富於展禽。若是汝力之所能，奈何賤賢而貴愚；貧善而富惡耶？」力曰：「若如若言，我固無功於物而物若此耶？此則若之所制耶？」命曰：「既謂之命，奈何有制之者耶？朕直而推之，曲而任之，自壽，自天，自窮，自達，自貴，自賤，自富，自貧。朕豈能識之哉？朕豈能識之哉？』

有一部分儒家亦以爲性卽是命，不過一物之兩名稱而已。如禮記裏說：『分於道之謂命。』中庸裏說：「天命之謂性。」程明道也講：『在天爲命，在人爲性。』但這類儒家不像道家那樣走極端，他們認人力可以影響天命。這個自然比較合理得多，因爲絕對定命論每易使人走到頹廢一條路上去。

（二）性大於命者　有一部分的儒家這樣主張。譬如張橫渠說：『故論生死則曰有命，以言其氣也。』『氣之不變者，獨生死壽夭而已。』（參觀江恆源中國先哲人性論一四二頁）他分人性爲二；（一）天地之性，（二）氣質之性；命只是氣質之性當中的一部分。以圖表示：

圖3

他以為天地之性猶水，氣質之性猶冰，而命之生死壽夭，猶冰之凝釋；至於行為善惡，則猶冰之受光有大小昏暗。照此，則「命」只是個關於年齡長短問題，和道德問題完全無關。先乎張橫渠者，有個子夏，好似也講過「死生有命」底話。他們都把「命」作「壽命」講，以為一個人壽長或壽短，乃受先天的命所注定，不關後天行為。其實後天行為大可影響壽命：無智的冒險，自然容易送死；嚴守衛生術，自然有助於益壽延年啊。

（三）命與性不相涉者　大部分儒家都主此說。他們以爲命是一種偶然Chance，其來源不明，所以孔子都罕言命。性是本則，命是例外，例外無礙乎本則。中彩票完全是無意識的「碰」。孟子說得好：「莫之致而至者，命也。」王充把命和性分得更涇渭顯然：「夫性與命異，或性善而命凶，或性惡而命吉。操行善惡者性也；禍福吉凶者命也。其行善而得禍，是性善而命凶；或行惡而得福，是性惡而命吉也。性自有善惡，命自有吉凶。」論衡命義篇不過王充因本人懷才不遇，抑鬱悲觀，不免把命看得太厲害了。反之，墨翟則太不爲命留些餘地；他的非命上中下三篇，只是從功利主義的觀點下攻擊，並沒有理論的說明。這點倒還是中庸性的儒家有較滿意的處置。儒家一方面承認命底存在，而將命之來源委諸不可知之數，他方面却始終看重本則的性，努力以「率性」

「盡性」爲務。性是本分，命是意外。我只盡我的本分，意外的事由得它！所以說：「君子居易以俟命。」（中庸）居易的意思就是盡本分守常道。又說：「君子行法以俟命而行矣。」（孟子盡心篇）我們嚴守衞生，厲行體操運動：這屬於「性」方面的事；然忽地震屋崩，或流彈飛到，以致生命遽摧：這屬於「命」方面的事。命雖存在，無涉於性，只是例外。例外的幸運或不幸，都沒甚麼大關係於道德。顏回雖短命，仍無損顏回之爲賢；李廣雖不得封侯，仍無損李廣之武功與勇德。至於命底本體，究竟是什麼，現代科學還不能完全解釋。我們須知時間無限，空間亦無限，宇宙變化複雜，因果系統太多。梅毒會隔世遺傳，（外祖父的梅毒，他的子女不會傳得，卻在他的外孫身上顯出來。這外孫又跳傳隔代。後之被傳者自然不能對此事負道德上的責任了。）歐戰會影響到廣東某縣底一村落。所以命底現象，亦必由某時某地之某因果系統所湊成，決不是什麼神祕的怪東西。

第三章　中國倫理底最高理想(Ethical Ideals-Social and Individual)

第一節　個人的理想

從歷史上看來：我國對於個人倫理底最高理想，似乎可分四派：（一）儒家，（二）道家，（三）墨家，（四）新儒家。其中要算儒家底理想最影響中國人心，道家次之，新儒家是受過道佛洗禮後底儒家，墨家比較影響最少。現在依次分述於下：

一　儒家（意象派）

這派底人生最高理想，自可拿孔子來做代表。孔子心目中底理想人格，就具體的方面說，便是堯舜禹湯文武周公。

他的門人稱他『祖述堯舜，憲章文武』。（中庸）他自己確是常夢周公，因爲終是思慕他，想效法他底緣故。但究竟堯舜禹湯文武周公一批人底人格是怎樣？孔子崇奉他們底點在那裏呢？讓我們先來查考一下那位第一名的偉人堯。堯底人格，孔子認爲最值得讚美的是：『巍巍乎惟天爲大，惟堯則之。』（論語泰伯篇）書堯典中頌堯德爲『欽明文思安安，允恭克讓。』崔述唐虞考信錄解釋道：『欽以法天，明以治民，文思其條理之精，安安其中道之從容。』可見堯人格中底最高活動，不外「法天」一端。孔子本人所唱導底最高理想，不消說，是『仁』；而仁底本質卽是法天。從來學者詮釋孔子底仁，都沒有探着它的根本意義。梁啓超解作『同情心』（見先秦政治思想史）其實同情心只是主觀的心態，並沒有一種發施出去的活動。然而仁不單是存心，也包含着加諸客觀底實際動作。蔡元培胡適都認仁爲『統攝諸德完成人格』（見蔡氏中國倫理學史及胡氏中國哲學史大綱）這又只道出其結果，却忽略了它的歷程。梁漱溟說是『直覺及寂靜』（見東西文化及其哲學）但仁也有實驗，也有活動。李石岑底「生殖崇拜」（見李氏人生哲學）似是而又失之毫釐差以千里。孔子自下仁之定義曰：『天地之大德曰生，聖人之大寶曰位。何以守位？曰：仁。』（易繫辭傳）這意思是說：天底本體是「生」，人能效法這個生，遵行這個生，便是仁，便是聖人了。所以仁只是法天。法

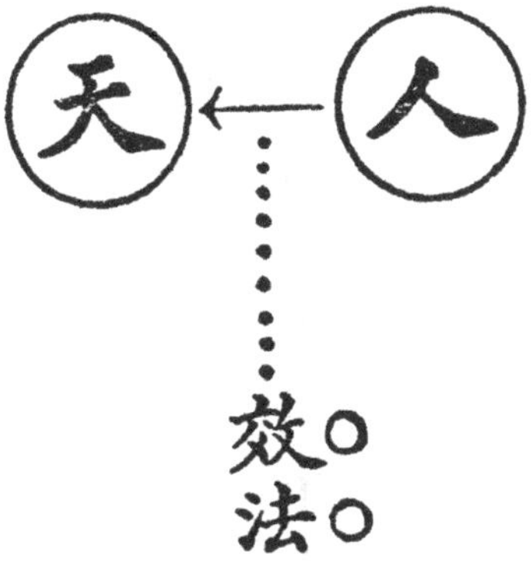

4圖

堯舜前……天＝上帝
三代……天＝全民
孔子……天＝生
曾子……天＝孝
子思……天＝誠
程朱……天＝理
陽明……天＝良知

天乃歷代儒家一貫的人生理想。

但儒家底「天」，決不是一固定的東西，乃因時代變遷而內容常有修改。其經過約如上圖。

孔子承認宇宙之本相爲生生不息及和諧。「天行健，君子以自強不息。」「逝者如斯夫，不舍晝夜！」「天何言哉？四時行焉，百物生焉。」「萬物並育而不相害，道並行而不相悖。」宇宙既是個和諧不息的生，個人是宇宙底一分子，原亦可遂其和諧不息的生。可惜人不知怎樣，往往弄得不能圓滿地遂此和諧不息的生，發出各種明爭暗鬥衝突殘殺侵損阻礙底怪象來。這怪象可總稱之曰「不仁」。人誠能效天而行，順天而動，那有不會和天一樣地遂他和諧不息的生？這便是仁了。生是自然的遂其生，仁是人爲的遂其生。在天曰生，在人曰仁。仁從人從二，是二人，是對偶，是相互關係，是自利利他，共存共榮。孔子自下仁底註脚道：「夫仁者，己欲立而立人，己欲達而達人，」（論語）「所求乎子以事父，所求乎臣以事君，……所求乎朋友，先施之。」（大學）這樣，我們纔眞能共享樂利，共遂和諧不息的生。所以仁底本質是法天，仁底方案是協倫，而仁底功果是遂生。這種具有深義和理想底仁，豈是李石岑的生殖崇拜四字可以隨便了之？

要之儒家底特色，在維持舊名制而灌注以新意義，「天」之名詞可以不變，而「天」之內容應當常變，使天永爲我們底大理想，永爲我們慕效底模型，永在我們底前面，可望而不可卽。這樣，天成爲我們底吸力，不斷地誘引我們向上、奮進、創造。它好似個盈盈招手的美人，等我們追上了她，她又飛躍在更前一步，回眸誘我。眞能捉住她底人，叫做『聖人』。但聖人亦只是後人對於過去偉人底想像和追封，幫助鼓勵當代人底格外努力奮進，好似慫恿着說：『你看，從前的人，若堯若舜，若……都會追到了捉住了這美人來，現在難道不能嗎？恁地不爭氣？』前面有隱隱地帶笑帶嗔的嬌容，旁邊有辣辣地帶激帶勸的聲調，怎的不叫我拔步飛追？爭奈氣吁吁地，汗流浹背，好似已趕上，又好似還趕不上，孔子訂易，『既濟』一卦以後，更是『未濟』一卦作爲終局。人生底理想，是既濟而又未濟，這是何等意味深長！因此我在這裏稱儒家叫做意象派 Idealism。

這派底優點，如上所述：(1)有客觀的榜樣，可以勉人效法；(2)這客觀體常創化不息，故亦引人進步無疆。但這派底流弊也極多，不可不注意；現姑舉出較大者三點：

1 其所立底客觀標準，每至流於形式而陷於作僞。因離開實生活而專力模倣外象，勢必變爲虛假，由虛假折入冷酷，遂釀「禮教吃人」之禍。

2 這種可望不可卽的理想，未免太蔑視人情，「克己復禮」崇理抑欲，人生枯乾極了！

3 容易凝成僞宗教，而爲操政權者所利用；祀孔啦，讀經啦，務使一般人絕對服從權威，遂使自動的道德變爲奴隸道德。

二 道家（浪漫派及頹廢派）

代表這派的人物：在代古有老莊楊朱，中古有竹林七賢與李白等，近世有袁枚一流人，今日則有創造社和語絲派。

這派底特色在認自然爲絕對至善，無上純美，我們應完全浸沒於其中，與之同化。人在離開自然底俄頃，即是墮落底起點。自然底反對是人爲。人爲加多一層，自然便隔遠一層；離隔自然愈遠，罪惡便愈大。所以這派第一件大事，便是打破一切人爲——禮教、名器、文化、教育、法律等等。你看：

老子：『聖人不死，大盜不止。』『大道廢，有仁義，智慧出，有大僞。』『民多利器，國家滋昏，法令滋彰，盜賊多有。』

莊子：『絕聖棄智，大盜乃止；……剖斗折衡，而民不爭。』

竹林七賢底行爲，多反抗儒教禮節，如阮籍王戎皆於母死時飲酒食肉，不守服制。孔融謂母之於子，如瓶之於物，物出瓶後，即無關係云云。

第二，道家主張自然的人生理想，絕棄人工，沒我於宇宙之內。以圖表之，爲：

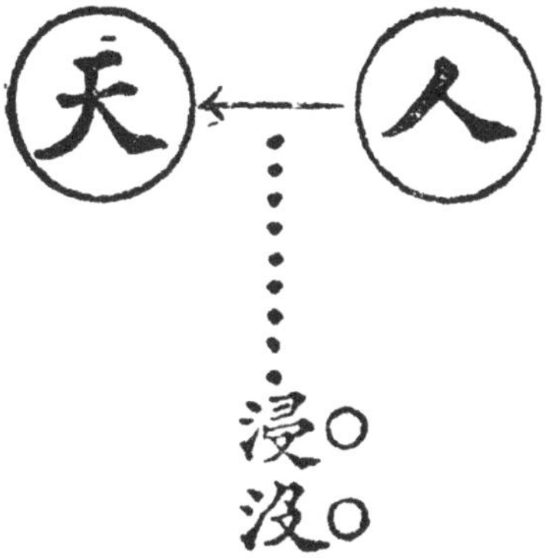

圖5

可見儒家與道家，固皆以天（宇宙，自然）爲最好；但儒家主效法，道家主浸沒，態度不同，結果尤異。效法是明明白白的人爲，是有意識的舉動，道家那得不惜惡它？道家底人生理想是純粹天然不識不知的自然物，如水、嬰兒、蝴蝶、馬、牛、等。

老子：『上善若水。』『含德之厚，比於赤子。』『

明白四達，能無爲乎？』『我愚人之心哉沌沌兮！衆人昭昭，我獨昏昏，俗人察察，我獨悶悶。』

莊子：『泰氏其臥徐徐，其覺于于，一以己爲馬，一以己爲牛。』『天地與我並生，萬物與我爲一。』『鳧脛雖短，續之則憂；鶴脛雖長，斷之則悲。』下句言人工之害。

此派之優點有二：A大勇，B達觀：

A大無畏精神　又有兩方面的表現：

1破壞一切爛熟虛僞的文明，廓清積弊，此派往往能言人所不敢言，能行人所不敢行；能用大刀闊斧，狂呼吶喊，動行大手術。『若藥勿瞑眩，厥疾勿瘳』，雖傷元氣，但尚可死裏逃生：

2不隨流俗，獨立特行，貫澈大理想，冒天下之大不韙；故此派人物常遭不幸的慘死。孔融禰衡阮籍，無不被殺。至少亦必爲世所擯，不能得意。

B達觀 亦可分兩端說明之：

1不拘囚於名、利、生死、超越苦樂。莊子說：『古之眞人，不知悅生，不知惡死。』楊朱也說：『太古之人，知生之暫來，知死之暫往，故從心而動，不違自然所好。當身之娛，非所去也，故不爲名所勸。從性而游，不逆萬物所好。死後之名，非所取也，故不爲刑所及。名譽先後，年命多少，非所量也。』列子楊朱篇

2 大平等，無差別，打破階級，一視同仁。「天地與我並生，萬物與我爲一。」「然而萬物齊生齊死，齊賢齊愚，齊貴齊賤。」這種澈底的精神，大足以藥儒家之弊。然其缺點確亦不少，現暫指出兩件事來：

A 狂放誇大　此派往往過重自然，誇張理想，天馬行空，不顧事實。而且喜講大話，目空一切，信口漫罵是其家常便飯。又每不修邊幅，不顧社會，放浪無節，野馬無韁。莊子之「天地爲一朝，萬期爲須臾」。彌衡之「大兒孔文舉，小兒楊德祖，餘子碌碌」。劉伶之「行無轍迹，居無室廬，幕天席地，縱意自如」。何晏之搽粉，阮籍之青白眼，李白之「天子呼來不上船，自稱臣是酒中仙」：都是好例。

B 頹唐暴棄　所謂名士派者，都因受道家思想底餘毒。此輩整年不沐浴，蝨蟣遍體，故常以「蝨」爲口頭禪。以爲人生若夢，傀儡登場，遲早一死，死則同腐。故醇酒婦人，狂飲狂嫖，有錢時任意揮霍，無錢時夜臥街頭，乃當然之事。此派視人生如兒戲，太抹殺人生底眞價值：這確是大弱點。

三　新儒家（受道家佛家影響後之儒家一派）

這派底代表人物，爲古代之子思孟子，中古之揚雄董仲舒等，近代之陸王學派。他們的特色，在修正舊儒家而採取道家之長，同時避去其短；其根本思想爲天人合一，照下圖所示，卽從儒家擴大了「人」底地位，從道家保留着「人」底價值。道家主張人應浸沒於自然之中，在那裏逍遙，不再出來。新儒家似乎說：「人既可浸沒於天之中，則天亦無不可浸沒於人之中。天如合入我中，我的人格不是博大高明到極處嗎？」最早的時候，孟子已有『萬物皆備於我矣』底話，至中古而此派大盛，如揚雄謂『聖人仰天則常窮神掘變，極

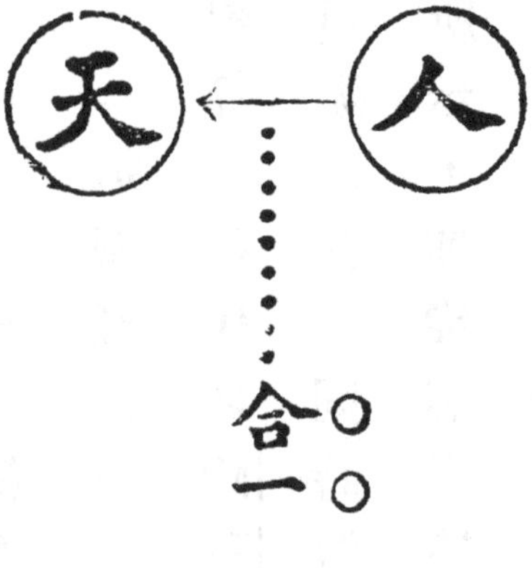

圖6

物窮情，與天地配其德，與鬼神即其靈，與陰陽挺其化，與四時合其誠。』（太玄）入近代因受佛教底暗助，而此派之勢益振，如陸象山之『宇宙便是吾心，吾心即是宇宙』，（象山文集）王陽明之『大人者以天地萬物爲一體者也，其視天下猶一家，中國猶一人焉』（傳習錄）一類話，不勝枚舉。此派的優點在提高人生之地位，使人樂觀而鼓舞。其根據在承認人性本善，

稍加拂拭，即塵落而光呈，這誠是可喜可賀！但世間事未必如此容易，所謂良知、玄、天眞、佛性，未必如此堅卓，而人生罪惡，亦未必如此易除。此派視人生似太廉價，故亦易流於頹放。明末陽明學成爲「野狐禪」，便是一證。

四　墨家與法家（實利派）

代表人物在古代爲墨子及墨者，尹文子，法家始祖荀子，與韓非等；在中古爲漢之王充，（雖稍偏於道家）宋之王安石、呂東萊，及永嘉學派；在近代爲淸季之顏元李塨一流人。這派底特徵，有下列五點：

(1)基本標準爲事實而非理論，爲功效而非居心。這個恰與儒家所標榜底「正其義不謀其利，明其道不計其功」相反。儒家判斷人之行爲，必追究其存心；此派不問用意好否，只問結果怎樣。墨子定出三種標準來，都是用功效和事實作根據：

「有本之者，有原之者，有用之者。於何本之？上本之於古者聖王之事。於何原之？下原察百姓耳目之實。於何用之？發以爲刑政，觀其中國家百姓人民之利，此所謂言有三表也」。（非命篇上）

(2)實利實害非就個人而言，乃以大多數人爲標準。這與英儒邊沁穆勒輩功利主義底「謀最大多數的最大幸福」極相似。爲大多數幸福計，犧牲個人亦所不惜。所以墨子自身雖「摩頂放踵，利天下爲之」。他主張「個人」應爲「公衆」底工具，以公衆代個人。故其標語是：「兼以易別」四個大字，卽指犧牲個人（別）的幸福快樂而求大多數人（兼）的幸福快樂。此派注重民衆，注重全社會；眞理視大多人數之好惡爲轉移。「民惡憂勞，我快樂之；民惡貧賤，我富貴之；民惡危墜；我存安之，民惡滅絕，我生育之。」〔管子書〕「仁人之事者，必務求興天下之利，除天下之害。」〔墨子兼愛下〕

(3)所謂幸福快樂，乃是實用的而非精神的。其方式爲：

利＝用

好＝利

∴用＝好

飯是好的，因爲它可療飢；但食桌上底鮮花和白布，乃是奢侈品而非必需品，因無實用，故不能說好。房屋是好的，因可以「夏避暑焉，冬避寒焉，室以爲男女之別焉，」〔墨子非樂篇〕講到裝飾、美藝、音樂、禮節等等，都無實用，故墨子一概非之。此派所立底唯一價値標準，是問「有什麼用處」？只着眼實用必需，而排斥所謂高等嗜好，因立脚在大多數人民上，遂不得不如此。

(4)理想人生由於後天的改造，由於實地學習而成，並非先天本善。儒家道家皆認人本來完善；此派卻多認人性本惡要想做成好人，非積經驗而學得之不可。「聖人者，人之所積也。人積耕耨而爲農夫，積斲削而爲工匠，積販貨而爲商賈，積禮義而爲君子。」荀子「講之功有限，習之功無已。孔子惟與弟子今日習禮，明日習射。」顏習齋「夫木斲之而爲器，馬服之而爲駕，非生而能然也，刧之於外而服之以力者也。」王安石「喜怒哀樂愛惡欲七者，人生而有之，接於物而後動，動而當理者，聖也，賢也；不當理者，小人也。」仝上此派注貢實行，注重與事物接觸，蔑視內省冥思。他們以爲人格之造成，賴乎不斷的實地經驗。美國詹姆士底實用主義，可算十分和他們道同志合的了。

(5)人之善惡既當判諸行爲而非存心，故國法制裁極爲重要；且善惡既由學習而成，則外來的奬懲，自具極大功用。墨子在他的尙同篇裏，努力陳說賞罰與君權如何如何地有功效於人民生活底向上。尹文子亦是個「墨者」，在天下篇裏說過『萬事皆歸於一，百度皆準於法』底話。墨子又道：『天子得善人而賞之，得暴人而罰之，善人賞而暴人罰，天下必治矣。』（天下篇）管子也說：『人心之悍，故爲之法。』（樞言篇）原來大凡實利派的人生觀，必定連帶主張法治主義的政治觀，和儒家底重德輕法，恰成反對。西洋方面如霍布士T. Hobbes，邊沁J. Bentham一班功利派，亦無不力主國權之大有造於個人道德行爲，可取而參證。

這派底優點，在能注重事實，不斷改造，着眼於未來，具進取的精神。他們和上三派比較，在理想人生觀上，有老大不同的一點。把上面所用底圖式來表示，這派是：

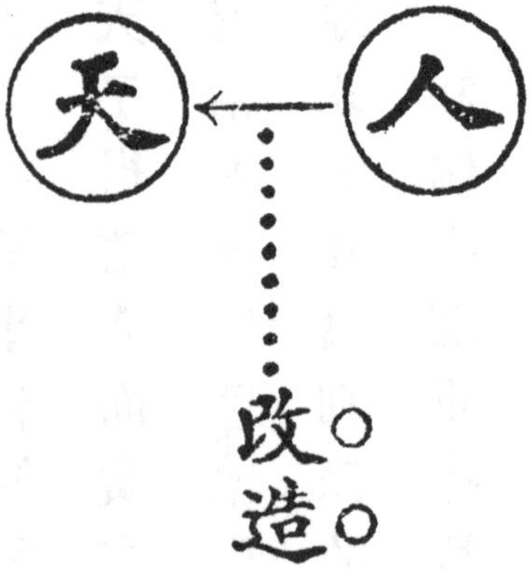

7圖

人和天（自然，宇宙）底關係，頭一派是「效法」，那當然看天比人好，所以人應效法它。第二派是「浸沒」，那更看天為絕對無限，人不用掙扎甚麼地位的了。第三派是「合一」，雖一時把人底地位提高，但好像還是「靠天吃飯」。只有這一派纔老實不客氣地宣告天不必是善，天不是我們人底理想模範，反倒是我們人若能「改造」天一分，便自己人格提高一分。荀子勇猛地說：「大天而思之，何如物蓄而制裁之？從天而頌之，孰與制天命而用之？」（儒效）這意思是：人工愈把自然改造就愈好。道家說：『爲學日益，爲道日損』，所以學問智識最低，低到零點的人，換言之，最愚最混沌的人，就是最好最合乎理想的人了。這派的人說：不然不然不然！人必須學，而且必須實地去學，便人格愈完成，你看『枸木必將待檃括蒸矯，然後直，鈍金必將待礱磨，然後利。』（荀子性惡篇）道家說：「無爲」！「無爲」！這派的人說：爲吓！動吓！做吓！幹吓！越爲越好，越幹越強！『鍥而不舍，金石可鏤。』『聖人者，僞之極也。』（荀子劝學篇）這種實地經驗積極改進的精神，確是理想人生底正路，我們應當特別替它標明出來，因爲這決不是上三派所具有的。

（註）人改造天底思想，似乎和墨子底「天志」直接矛盾。殊不知墨子另有他自己的天底概念，與我們這裏所說底天完全不同。我們這裏的天，是代表自然的大宇宙。墨子對於自然底態度，

也是主張制馭操縱利用，跟荀子正是一色一樣的。一方面崇拜天神，他方面征服自然！這是西方人底慣常態度。墨家與法家底相差點，就是前者有「神天」底信仰，而後者沒有神天底信仰；至對於「自然天」，則兩者同主改造的，所以歸根結底，得把他們併爲一派。

但是這派的缺點也有：1計較功用，失却熱誠。張南軒說過一句替儒家辯護底極好的話：「蓋聖賢無所爲而然也；有所爲而然者，皆人欲之私，而非天理之所存，此義理之分也。戴季陶在他的日本論裏，嘆賞日本民族底獨立性和統一性，得力於他們那種不計較不打算底精神。完全以功果爲人生理想，誠未免抹殺人生價值太多！2以大多數人的福利做價值標準，理論固好，但困難點是表現方式。在數十人所組織底團體裏，「多數統治」Majority-rule已感不易，何況一個國家？而且羣衆終是易於盲從，易流於膚淺，現代德謨克拉西制度之所以失敗，就在於此。

五　我們今日應有之個人理想

理想是決不應離開事實的，離開事實底理想是幻想或空想。事實有兩種：1時間的事實——就是歷史；2空間的事實——就是環境。我們一方面承受着數千年來歷史上所展示底個人理想，他方面接觸了西洋近代文化所給予底個人理想，我們應怎樣選擇，怎樣取捨呢？

（A）固有理想之可保存者

1道家中反抗習俗底魄力…………（勇）

2儒家中融和宇宙底氣度…………（仁）

3墨家中實事求是底精神…………（知）

能將上列三點冶於一爐，均衡發展，誠是再好沒有的圓滿理想了。可惜人生常因深入而流於偏頗；面面顧到，決非易事。本來第一種（道家）所特有的反抗性，與第二種（儒家）所特有的融和性相衝突；其獨立的個人性，又與第三種（墨家）的大多數式功利性相扞格。等三種的實用政策，亦與第二種的動機主義及中庸性絕不相容。故三鼎足之並峙，或竟屬不可能之數。但好在理想之爲物，原不必一成不變，今日的需要是什麼，便可特重某點以謀應付；明日情勢改變，又可立移重心於適當方面。那麼，在目下情形底我國，第二種自然暫且擱下不談；第一種因足與破壞性的革命潮流相周旋，一時曾登極頂，但不久亦會過渡；此後建設方般，百端待舉，足與現代世界科學精神相銜結相逮引底第三種理想，至少在今後三五十年當中，要占極重要的勢力吧！

（B）與西洋文化接觸中底影響

西洋文化得概括爲兩系：a希伯來系（即基督教文明）b希臘系。以下分別論之：

a希伯來派所懷抱底個人理想，跟我國儒家大體相同，即屬於那個公式。希伯來教者創立摩西，認耶和華爲正義之神，人應當畏敬他，服從他，這跟我們堯帝底「欽若昊天」……

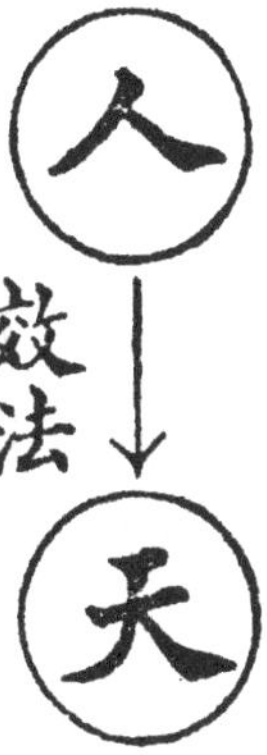

圖8

以法天」（見上）有何殊別？耶蘇改善了希伯來教底教義，被擁爲基督教始祖。但他底個人理想，盡在這一句話當中：「你們應做到像天父一樣完全。」（新約馬太福音第五章）可見根本上還是希伯來系底血統，認天父（耶和華上帝）作一大「人範」。因此中國今日底基督徒當中，有志於結合基督教與中國文化者，每喜援挈該教思想到儒家底廟堂上，拉它們倆攜手相親，來表示西洋基督教跟我們固有文化是沆瀣無間的。但其困難點有二：1天父和人父觀念直接衝突（見潘光旦著基督教與中國一文登中國留美學生季報十一卷，又同氏中國人之家庭問題一書之附錄。大意說我國向來看重家庭裏底「父」，作為生活底重心，今基督教打破世間底父，要叫人專拜天上底「父」）2基督教中玄學的根據（即人格神與上帝創造世界等）遠不及佛教（因緣和合並非神造）來得配合中國人脾胃。除非中國家庭觀念，尤其是孝道念觀，大加改革一番；同時基督教底「人格神」，有新解釋——合於科學事實與理論的——作基礎；他方面還要中國確能到科學充分發達之日，纔得見基督教理想占中國一席地位。此後底新神學，一定會站在新科學智識之上（參考S Alexander: Space, Time, & Deity; C. L. Morzan: Life, Mind, and Spirit他們皆以突進力Principle of Emergence解釋上帝，以最新的理化學生物學作根據。）這是我們所敢斷言的。有人說，科學發達了，宗教便會消滅。其實科學進步，宗教亦必隨科學進步；換言之，宗教須藉科學發達而自身纔會昇化。我國就因爲科學不發達，所以到今日還是原始宗教（法術Magic）到處彌漫，迷信薰天，何等可嘆！

b 希臘系文化中底個人理想是「愛智者」，即科學家或哲學家。這派對於自然底態度，照下圖所示，是追問、探究（To investigate），理智的活動而不是欣賞或融合（To appreciate）情感的活動像我國儒家所做的。他

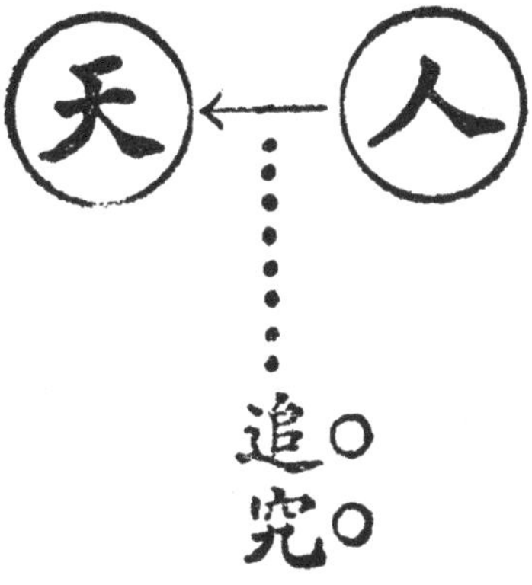

9圖

們心目中底最高人格是知自然而治自然Knowledge of nature and power over nature在柏拉圖底理想國Republic中，哲人底位置最高，他是王。培根F.Bacon棄天國不顧，另立「人國」Kingdom of man於地上，而科學家便是這人國裏底王。見New Atlantis 所以這派底文化，在征服天行爲我役用。人

生底目的不外自我實現，自我提高，自我擴大。基督教表面上雖和希臘系衝突，然仍得存在且發展於西方，即全賴它有自我擴大底新倫理。詹姆士以The wider self詮釋上帝，是其一例。這個實在跟中國底個人理想根本不相爲謀。雖墨家法家及實用主義一流人物，歷代時有，然終勢力薄弱。往往曇花一現。儒家中，程朱唱導「窮理」，似亦帶些希臘系色彩，「理」或者可比希臘底「邏各斯」Logos，朱子以「極至」The Ultimate解太極，更有希臘人那種追尋到底不肯妥協底精神。但可惜程朱輩非爲窮理而窮理，乃爲修身而窮理not knowledge for knowledge, but knowledge for life，道德的臭味太重，根本上和希臘理想分道揚鑣了。他們有個蘇格拉底，提倡知德合一，極似程朱，畢竟成了希臘系底右傾。還有我們清代底考證派，頗具希臘系精神：惜祇用在文字經籍那一部分，未曾擴大其範圍，不久又給公羊學派領回到「道統」去了！到了今日，時機熟而又熟，墨子底書，數被重繹，戴東原底哲學亦重新與國人相見。看這情形，處處似準備着充分吸納希臘理想。然將來究能吸納到何種程度，殊不易答。中國人之「中」，根深蒂固；大平原底環境，溶鑄了寬容優和均衡融合底思想。「澈底」的科學精神，總與中國人格格不相入。除非此後在地理上或血脈上經一劇烈的變遷，否則至少亦須在人心上更有不斷的強度刺激，纔會見科學之光在中國蒸蒸日上！

末了，還得附帶聲明一句：我們所期望底以科學爲基礎底個人理想，並非像西方人那種一味「戡彼客觀役我主觀」Conquest of non-self by self底肅殺精神。研幾極深是必須提倡的，自我實現也是不可少的；但頭腦可以冷，而血則不可以涼，人可役使自然，亦未嘗不可友視自然。西方那種偏激的個人理想，我們深信它再經幾次教訓（上次一場歐戰似乎還不够）以後，必會大加修整的。或者那時東西兩方文化漸相接近，造成一種適應於新世界底個人理想出來，亦未可知。讓我們先來夢想一下吧！

第二節　社會的理想（Social Ideal）

一　理想社會底原則

我國歷史上所展開底理想社會觀，以下列原則爲基礎：

A.天下主義　書堯典裏說：「克明俊德，以親九族，九族既睦，平章百姓，百姓昭明，協和萬邦，黎民於變時雍。」呂東萊註道：「……至於變時雍，天下盡在春風和氣中矣！」這是中國人心目中底理想社會。社會的理想原與個人的理想一貫。天下主義就是從個人理想中之要素「天」而來。人既同戴一天，則凡「蒼蒼者天」之下底人生，自皆屬於同一血統。「四海之內皆兄弟也。」論語子夏語「天之所覆，地之所載，日月所照，霜露所墜，凡有血氣，莫不尊親。」中庸「大道之行也，天下為公，……是謂大同。」禮運「大人者，以天下為一家，中國為一人焉。」王陽明故中國之理想社會，其範圍為全世界而非一國家或一民族。其主要原因實起於古代漢族四周所環繞底種族，皆文化極低，所謂東夷西戎南蠻北狄，夠不上跟漢族並峙，所以不能刺激我們使形成國家觀念。況兼我族那時富具「天」底信念，自然對於他們覺得應當體上天好生之德，懷柔之，協睦之，使與我同享生生之樂。故如歐洲十八世紀那樣列國並踞，相摩相激，促成極明顯強烈的國家主義，我們是絕對不會有過。戰國時代羣雄割據，事實上確己構成七個獨立的國家，但那時的中國人，還是心目中極無分疆劃界的國家觀念。孔丘墨翟蘇秦張儀等人，儘可周遊別仕，而不沐「賣國」之譏。『子欲居九夷，或曰，「陋，如之何」？』那時不斥孔子為漢奸，而僅僅以陋為勸，足見中國人對於夷狄也缺乏國家主義或種族歧視底意識。中國自早就和異族通婚，周與犬戎，漢與匈奴，唐與突厥，宋與遼金，皆有互媾姻婭底事實：這都是天下主義底最好旁證。（參閱中華異族同化考一文在中大語言歷史研究週刊二集卄期）所以天下一家的大同思想，實為中國人之理想社會觀。這不但儒家如此；道家如老莊，更不知所謂國家之分畛，『魚相忘於江湖，人相忘於盜賊。』楊朱提出「公天下之身，公天下之物」底無政府主義，更激烈到萬分。墨子以天為最高，一切上同於天，其結果無異於大統一的天下主義。法家也主張統一，只在方法上稍與別家不同罷了。

B名分主義　西方人講究權利義務，無論在家庭社會或政治社會，凡團體中各個分子，不放棄他應得的權利，又充分盡他應盡的義務，就成功所謂理想的社會。我國的理想社會觀，不是權義分清，乃是名分正定；人人各從其名，各遵其道，各安其分，便會秩序井然，百利具舉。儒家正名，君君，臣臣，父父，子子，不煩贅說。道家雖攻擊君臣父子孝弟忠信，不遺餘力，但所反對者只是人為的名分，他們另有天然的名分，以為應當順循。天然的名分即是：鳥順鳥的自然，獸順獸的自然，嬰兒順嬰兒的自然，大人順大人的自然……。（參考莊子至樂篇魯侯養鳥一段妙喻）楊子倡「人人不損一毫，人人不利天下，天下治矣」，尤可想像名分主義所建築底理想社會。墨家底名分主義，更爲明徹：『各從事其所能，』（墨子節用中）『各因其力所能至而從事焉；』（同上公孟篇）『譬如築牆，能築者築，能實壤者實壤，能掀者掀，然後牆成也；』（同上耕柱篇）這就是說：既名築者，自應盡築者之分，既名實者，自當盡實者之分，既名掀者，自當盡掀者之分：這樣，社會便安樂榮達了。至於法家，更是最重名分的：他們的老祖宗荀子在王制篇裏說過：『人何以能羣？曰分；分何以能行？曰義。』（義即名義）尹文子也說：『萬物並存，不以名正之，則亂。自古及今，莫不用此而得，用彼而失；失者由名分混，得者由名分察……。』李悝的法經，蕭何的漢律，都從名分出發。要之，中國人底社會哲學，立基於「對偶」「相互關係」那些概念上的。名分主義便是這些概念底具體應用。名分是由相對而生，大異乎個人主義，千萬不可混同。西洋底權利義務，纔眞是堂皇獨立的個人主義啊！

C 和平主義　在中國人心目中底理想社會，認爲其中必是一團和氣，大事化小事，小事化無事。澈底與競爭，是社會進化底要素，却爲中國人所最不喜。堯典裏說：「百姓昭明，協和萬邦，黎民於變時雍！」呂東萊註曰：「天下盡在春風和氣中矣」！道家尤其主張和平。老子說：「上善若水，」水之所以被喻爲最高標準，正因其平順柔和。他又說：「人皆取先，己獨取後。」「佳兵者不祥之器。」法家思想在中國之所以不昌，只因他們稍稍傾向了尙武一點。向來「窮兵黷武」四字，充滿於歷朝名相之諫摺奏章；而爲人君所深戒；以視田中出兵山東（日本人熱烈擁護之高度，其相去奚啻霄壤！善戰者，別國皆爲鑄銅像，而我國則「服上刑」。自墨子非攻，孟子唱「率土地以食人肉，罪不容於死」以來，歷代文人，那個不對戰爭力肆咒詛：杜甫底兵車行，白樂天底折臂翁，何等受人嘆賞！至今日大革命潮流澎湃，獨每年見「和平」之隻片文章，（見愈之我們需要和平一文東方廿五卷一號）和平確是中國人特富底天性，隨而妥協、調和、敷衍、姑息，一大串的弊端，連帶而來，難怪近年有人高呼歡迎尼采之來臨！

D務實主義　此主義亦爲中國社會之特色。印度人日本人比較神契的Mystical歐洲人比較理論的Theoretical，但中國人則較任何民族爲務實Practical。第一：我們的理想社會，非是天國，非是淨土，而是現實的世界，即福祿壽及兒女繩繩之現世主義。靈魂永久問題，不甚關心，「無後」却是一件大事。祭祖並不是因爲有鬼，只是維繫宗法制度底工具之一；「愼終追遠，民德歸厚矣。」（論語）墨子好似一位極富宗教信仰與神契經驗的人，但他處處都從功利主義的觀點立論，畢竟仍是務實派信徒。第二：中國人以爲理論問題暫可擱起，實利——吃、着、用，終要過得過去；窮極奢侈固不好，太窮太刻苦如印度人那樣修行，也可不必。道家雖力主「見素抱樸，少私寡欲」，然其所希望之社會，亦爲「甘其食，美其服，安其居，樂其俗，鄰國相望。」老子屢言知足不辱，所謂「足」者，乃指適可的生活，非太豪富，亦非太困窮。儒家底理想社會爲「足食足兵」。董仲舒說：「太富則驕，太貧則憂，憂則爲盜，驕則爲暴，」最能道出中國人脾胃。墨家着重「中國家百姓人民之利」。利者，「凡足以奉給民用則止」。又曰：「利，義也」。義就是適宜，適可而止，不爲已甚。如彼西方富國論那樣鉅著，我們是決沒有人做的；縱欲享樂主義，更沒有這樣大胆的人來唱導了！

二　環境變遷中底社會理想

上面所說的理想社會觀，在中國人心憧憬着二千多年，一直到和西方新潮流相擅，尤其是(1)西方工業主義底侵入，(2)天賦人權自由平等諸學說底光臨，纔算受了絕大的打擊，現就這兩點略加申述如左：

（一）西方工業勢力衝進了中國以後，大體上中國雖還算是個農業國，鄉村經濟好似尚未動搖，然在城市中，所有手工業，多已破壞，有許多男女，都不得不跑到機器下謀生存。生活程度繼長增高，婦女兒童也不得不出外工作；向來的大家族主義，自然剝落於無形。宗法社會的道德信條如夫義婦聽父慈子孝等等東西，一概不能適用。但小家庭應有的道德，我們素非所習，因此社會上底家庭單位，首先就不安定。而勞動家和資本家的關係，僱員和僱主的關係，更非昔日名分主義所能應用。最近階級鬥爭底思想與CP，CY一類運動，又很不自然地來搗亂了一陣。到了這步田地，我們若還不改建一個新的理想社會觀，恐應付不下這新環境了。

（二）天賦人權底學說比洪水都還要洶猛，堵遏是堵遏不住的。一向安於宗法社會底中國民族，驟眩於自由平等底西洋寶貝，不慣使用，執斧傷手。議會失敗，地方自治失敗，男女戀愛也失敗。墨盒飛馳底把戲，豬仔底雅號，選舉票上「梅蘭芳」底出現，朝結婚而夕離婚底活劇，跳海賈彈底慘案，總之寫也寫不得這許多！也難怪守舊者振振有詞，「開倒車」自固其所。平心而論，我國固有的社會理想，誠有不少優點：如和平、寬大、從容、諧合。但其大缺點在1太散漫而無組織，2權利義務觀念不清楚，說是自由卻實不自由，說它專制又不甚專制。今後之趨勢，恐於左列兩點，必須積極準備，以爲新社會理想建立之初步：

A團體協作精神之訓練——會議不鬧意見，但又不尸位素餐，盡力貢獻自己的見解和經驗，而又尊重別人底意嚮。作任何團體底會員，知權利義務之所在而赴之。

B公民資格之養成——能監督行政者，但不苛求或詆毀。履行國民的義務，實踐公共道德。不干涉或上下別人底私事，但對於有關公衆底行動，則不肯放過，須有一種仗義愛法底義俠精神。

第四章　本務論 (Duty)

第一節　對己的本務

既有了個人理想或社會理想，就不可不努力達到之，實現之。這「不可不」三字，便是本務觀念底構成基礎。中國各家，惟儒家最注重條目（即實現其理想之途徑），故後儒所列，多關於儒家方面，不過他家亦間有採及。

一　儒家底本務觀

儒家底個人理想是「仁」。仁底本質是法天，而其程序是成人，「仁者人也」，即完成人格底意思。論語憲問篇載子路問成人，孔子答道：「若臧武仲之知，公綽之不欲，卞莊子之勇，冉求之藝，文之以禮樂，亦可以謂成人矣。」嚴格說來，藝與禮樂，較爲末節；知、不欲、勇，三者纔是君子「好學近乎知，力行近乎仁，知恥近乎勇」底三達德。孔子自謙『君子道者三，我未能焉：仁者不憂，知者不惑，勇者不懼』。但他又說『仁者必有勇，勇者不必有仁』，可見「勇」已涵在「仁」的裏面了。這樣看來，孔門所唱底對己本務，得概分爲兩項，卽「知」與「仁」。這裏所說的仁，是狹義的，不是大理想的仁。

（A）知　又可分爲兩小目：

1求學……『下學而上達。』『古之學者爲己。』『君子學道則愛人，小人學道則易使也』。『好仁不好學，其蔽也愚；好知不好學，其蔽也蕩；好信不好學，其蔽也賊；好直不好學，其蔽也絞；好勇不好學，其蔽也亂；好剛不好學，其蔽也狂。」在「性相近，習相遠」底理論之下，求學自爲最重要的一條目：這是立己立人底根基。

2知人……樊遲問知，子曰：「知人」。知人之明，亦是孔門對己本務之一。

（B）仁 仁包涵各種德能：

1忠恕 「仲弓問仁，子曰……己所不欲，勿施於人」：這是恕。「夫仁者，己欲立而立人，己欲達而達人」：這是忠。

2勇及克己 「克己復禮爲仁」，答顏淵問。「仁者必有勇。」

3 誠實 『巧言令色鮮矣仁』。『剛毅木訥，近仁。』

4 公平正義 『惟仁者能好人，能惡人。』『當仁，不讓於師。』

5 謙恭 答子貢問仁曰：『事其大夫之賢者，友其士之仁者。』答仲弓問仁曰：『居處恭，執事敬，與人忠，出門如見大賓，使民如承大祭。』

6 愛心（同情心）『樊遲問仁，子曰：愛人。』

孔子自承『我學不厭，而誨不倦也』，子貢點明道：『學不厭，知也，誨不倦，仁也。』可見孔門所重視者，便是這知、仁，兩端，其後大學之1致和格物2正心誠意，中庸之1成物，知也2成己，仁也：都不外稟承孔子底本旨。

孟子表面上雖屬孔門信徒，實則飽吸道家思想。他竭力主張性善，顯是道家自然主義底衣鉢。他說：『大人者不失其赤子之心者也』，都是老子底論調。他把孔子知、仁，兩綱目演爲知、仁、義、禮，四善端，『惻隱之心，仁之端也；羞惡之心，義之端也；是非之心，知之端也；辭讓之心，禮之端也。』而他尤重義，義比生命還重要，他說：『舍生而取義可也。』義當於孔門三達德中之勇，但孔子已納勇於仁，故孟子不得不並提「仁義」。其實他所講的，句句側重在義：『說大人，則藐之，勿視其巍巍然。』『吾何畏彼哉？』『若夫豪傑之士，雖無文王猶興。』『居天下之廣居，立天下之正位，行天下之大道。』『富貴不能淫，貧賤不能移，威武不能屈，是之謂大丈夫。』這些話，何等義氣凜凜，皆由深受道家影響所致。道家本務不分對己對他，只是「打抱不平」一事。我國俠客，卽由此出。不過道家哲學是屬於柔派的，所以他們的義也是柔化，而孟子底義，是剛化的，因此仍屬於儒家系統。荀子底「禮義」，也是剛性的，他說：『人之性惡，必將待師法然後正，得禮義然後治。』從心理學的觀點來講，孟荀都注重意志，而孟輔意以情，荀則輔意以知。換言之，這兩人在孔門本務條目上，一個是比較傾向仁，一個是比較傾向知的。

到了中古，五行之說熾盛，孔門固有的知與人，倂為仁義禮知信五德，強勉與五行相配。但至宋明，則仍綜為知仁兩範疇。程伊川所說的『涵養須用敬，進學則在致知』，上句就是仁的德目，下句就是知的德目。朱晦庵說『學者工夫，惟在居敬窮理兩事』，並以此二者喻車之兩輪，鳥之雙翼。心學大家陸象山提出人生修養工作，最要是「思」與「志」二點，這兩個字都从「心」的。『思則得之。』『人之所喻，由其所習，所習由其所志。』但思不外知的工夫，志不外仁的工夫，異名而同質。惟有王陽明却將知與仁兼而包之，題作「致良知」三字，簡明直截，不愧爲儒家本務論之殿軍！

二　本務觀底大缺點

我們對於上述中國人底對己本務觀，覺其有大缺點二：

1忽視健康問題　我國人素不認身體是最重要應有保護發達之義務。健康爲人生第一幸福之諺，似爲中國人所不解。曾子所謂「身體髮膚，受之父母，不敢毀傷，」完全從「全受全歸」底宗敎觀念立論，絕對不是企求自己身體的健強。六藝中（禮樂射御書數）之御射，屬乎技藝，且爲涵養辭讓底工具，並不是爲強健體格底目的。氣息奄奄弱不禁風底才子佳人成爲中國人心目中之理想人格。「尚文」是周以來三千多年支配着人心底重鎮。英人謝萊 Shelly 說：『我們指西洋人統統是希臘人。』我說

：我們中國人統統是周人。孔子首先讚美『郁郁乎文哉！吾從周』。我們的確還是孔教徒！西方人擇夫擇妻，各列『身體健康』爲第一條件；我們擇配，男家第一要求女子的德性，女家也第一要求新郎的脾氣，至於健康問題，各皆列至第三，（這是現代的事實，參考潘光旦著中國人之家庭問題一書）與西洋較，何其相距大遠？歷史上外患之刺激，不能算不多，連到最近八十年來不平等條約城下之盟，還不夠誘起我國人鍛鍊體魄底本務觀念。今日濟南奇恥，臥薪嘗膽之聲喧天，若經此次重大之創痕而猶不能矯正此缺點，則眞惟有憤痛我民族劣根性之不可拔也已！

2 缺乏爲知識而求知識之創造精神　儒家本務條目中，雖有『知』底一項，但『知』好似『仁』底手段，『仁』底附屬品。孔子說：『弟子入則孝，出則弟，敬而信，泛愛衆而親仁，行有餘力，則以學文。」（論語學而篇）可見「學」不過餘事。後世「尊德性」與「道問學」二者之重輕，引起宋明無數學者底爭論。但縱使注重「道問學」方面底程朱，其致知窮理，亦仍不外學聖學賢，夢想周孔，終是「向後轉」！知育成德育之附庸，不能徹底獨立。此所以清代科學精神，只澆向經典考證而止，何等可惜！像亞里士多德那樣「我愛我師，我尤愛眞理」底自由創造，我們絕少見！總因我國受「中」底理想支配太牢固，不會澈底。本務條目，原爲理想底工具；根本上不改良，本務方面也就沒法。

第二節　對他的本務

一　家族道德——父子，兄弟，夫婦，相互間的本務

1父（家長）之本務　書經裏說：「舜臣堯……舉八元

，使布五教於四方：父義，母慈，兄友，弟恭，子孝。』故父之本務，爲對於全家族正義公道。白虎通詮云：『父者，矩也，』以身作則，爲全族表率，如君爲百官萬民的表率一樣。易家人卦載：『家人有嚴君焉，父母之謂也。』孔穎達釋之曰：『父母一家之主，家人尊事，同於國有嚴君。』父既同時兼家長，故應有擬君之象。『凡爲家長必謹守禮法，以御羣，子弟及家衆，分之以職，授之以事，而責其成功，制其財用之節，量入爲出，稱家之有無，以給上下之衣食，及吉兇之費。』司馬光家儀在此寥寥數語中，可想見全族之權，皆收攬在父親一手之中了。

2子（婦）之本務 孝从老从子，最古時，當爲兒子養老，起乎一種人道觀念。孔子亦尚未特別重孝，論語中屢見

「事親之道」字樣，「父父子子」意頗含蓄。至曾子方纔修改孔子之「仁」為「孝」，於是孝始成為百行之本；其後更被一班帝王利用，天然的人道的觀念之孝，遂變為律法的禮教的孝鎖了。把孝分析起來，得從三方面討論：

a 物質的事奉　冬溫夏凊，昏定晨省，是日常的事奉法。晨省之細則，具載禮記內則篇。茲撮其要如下：「子事父母，雞初鳴，咸盥漱，櫛，縰，笄，總，拂髦，冠緌纓，端鞸紳，搢笏，左右佩用。……婦事舅姑，如事父母，……以適父母姑舅之所。及所，下氣怡聲，問衣燠寒疾痛疴癢而敬抑搔之，出入則或先或後而敬扶持之。進盥，少者捧盤，長者奉水，請沃盥，卒授巾。……父母舅姑將坐，奉席問何向；將衽，長者奉席請何趾。……在父母姑舅之所，有命，應唯敬對進退周旋愼齋升降出入揖遊，不敢噦噫嚏咳欠伸跛倚睇視，不敢唾涕，寒不敢襲，癢不敢搔。」父母如怒時，被撻「流血，不敢疾怨，起敬起孝」。父母如病，則「冠者不櫛，行不翔，言不惰，琴瑟不御，食肉不至辨味，飲酒不至變貌，笑不至矧，怒不止詈」。文王有疾，武王不脫冠帶而養，文王一飯亦一飯，文王再飯亦再飯。（見禮記文王世子篇）加以政府之褒揚，文人之讚誦，延而至於割臂療親，（汪顏故事，見趙士麟之汪氏孝友傳）生埋嬰兒以盡仰養，（郭巨故事，見劉向孝子傳）爲盡人道而反悖人道，這不是世上極大的奇謬麼！（參考吳虞文錄及施存統之非孝文）

b 精神的事奉 然以上還只是「養口體」，遠不及「養志」爲更重要。養志之消極方面，爲免除父母之憂，積極方面爲顯揚父母之譽。孟武伯問孝，孔子答曰：「父母唯其疾之憂。」（論語）孝經載「一舉足而不敢忘父母，一出言而不敢忘父母，故道而不徑，舟而不游」。但這不過是消極的養志。眞能積極養志之孝，應事君忠，蒞官敬，居處莊，朋友信，戰陣勇。（皆見孝經）簡明說來，光宗耀祖四字便是積極的養志。曾子說得好：『大孝尊親，其次勿辱，其下能養，』下句乃物質的事奉，上二句就是積極及消極兩方面的精神事奉，這可以算得孝底全副行頭了。然而還有：

。死後的事奉　事養至親老死，猶未能卸除孝之務本，——否否，對於已經死了底親之孝，重要更倍蓰。死後之奉養，得分爲二類：曰喪葬，曰祭祀。『生事之以禮，死葬之以禮，祭之以禮』，（孔子答樊遲問）『愼終（卽喪葬）追遠（卽祭祀）民德歸厚矣。』（曾子語）父母喪葬之道，詳見禮記之喪大記、喪服大記、問喪、奔喪四篇。「寢苫枕塊，哭泣無數，服勤三年，身病體羸，扶而後能起，杖而後能行，」諸語，是喪親中孝子的寫照。至於祭祀，則居五禮（吉、凶、軍、賓、嘉）之首，是中國家族制度底重心。『爲治以禮爲本，行禮以祭爲本』兩言，何等表示國家命脈之所繫！故基督教入華，首先與祭祖一事發生劇烈的衝突。若「祭」只表示一種記念底意思，原無不可；進而由景仰至死守，視父母爲理想完人，如云「三年無改於父之道，」已足阻撓進步甚大。更進而躋父母於上帝，如「孝莫大於嚴父嚴父莫大於配天」，加以種種神祕舉動，則未免太滑稽了！又祭1必有時，通常四季 2必齋戒致齋三日散齋七日 3必虔誠，具見禮記祭義篇。

3 兄友良弟恭悌 「友」从二手相交，有佐佑之義；「良」一意爲親善。孟子寫舜之對其弟象曰：『仁人之於弟也，不藏怒焉，不宿怨焉，親愛之而已矣，」朱子家訓亦載：「兄之所貴者愛也，弟之所貴者敬也。」然各書中，載兄之本務少，而弟之本務多而且重。中國所有的，向來是片面道德，寬尊長而嚴卑幼，理之當然。「弟」字本具有「次第」之意，意謂後於長兄，不宜凌越。有子演繹得不錯：「其爲人也孝弟，而好犯上者鮮矣。」論語故曰：「長幼有序，」序之一事，在多妻的家庭中，勢成必要。不然，嫡庶爭繼，長次爭財，昭穆爭位，宗法社會早已顛覆多時了！

4 夫義婦聽（晏子春秋作夫和婦柔）本來「夫婦有別」四字，起於原始社會亂婚之一種制裁。春秋時代，猶多父子聚麀，君臣共妻，翁娶媳，叔娶嫂，兄妹姑伯，上烝下淫，等等怪象，若非揭櫫「有別」，便會危害家族制度底根本。「夫婦之道，不可以不久，故受之以恆，恆者久也。」易繫辭傳恆卦之象爲震上巽下☳☴即所謂『剛上而柔下』，只這五字已規定夫婦間本務再明白沒有的了。「夫義」，與上之「父義」，及「君使臣以禮」，同站在一個地位；不錯，原來父、君、夫，三者，乃子、臣、婦底三綱。子以父爲天，臣以君爲天，婦以夫爲天。「所天」之哭，原有道德的根據。地雖與天相對待，然天應統治地，地當附屬於天。婦倘居夫之上，就會『牝雞之晨，惟家之索』，還得了嗎？婦字从女从帚，顧名思義，本是執箕帚抹桌掃地的婢僕。但她除箕帚服役以外，倘有一件極重大的本務，即是「生子」。不能盡此本務，則列在「七出」之一，俯首無辭。即便不被逐出，則夫恩浩大，自當請夫娶妾，以補吾愆。蓋夫對於其父母，負有承宗祧接香火之嚴重本務，「不孝有三，無後爲大。」妻苟阻夫納妾，便會受全社會底惡罵，鄙爲妬婦，斥爲陷夫於不孝，唷！這擔子怎能負當得起啊！

綜上而觀，家族道德，完全立基於「孝」字之上，宗法固應爾爾，何必少見多怪啊？

二 鄉黨道德—1對上2對下3對等之相互本務

1長幼 此項包括對上及對下兩關係，本由「兄弟」推及。「鄉黨尚齒，……大道之序也。」（莊子天下篇）「天下之達尊三：爵一，齒一，德一；朝廷莫如爵，鄉黨莫如齒，輔世長民莫如德。」（孟子公孫丑）「年長以倍，則父事之，十年以長，則兄事之，五年以長，則肩隨之。」（禮記王制）這些都表示幼年對長輩應盡的義務。鄉飲酒之禮，乃古代社會上一種娛樂集會，其中長幼之節，有條不紊：『六十者坐，五十者立侍，以明尊長也；六十者三豆，七十者四豆，八十者五豆，九十者六豆，所以明養老也。民知尊長養老，而後乃能入孝弟。民入孝弟，出尊長養老，而後成教，成教而後國可安焉。』禮記鄉飲酒義至於老對幼，幼對老，雖無明定之條目，要亦不外家族道德底推廣。『老吾老以及人之老，幼吾幼以及人之幼。』孟子梁惠王孔子則用「安」及「懷」二字。「老者安之，少者懷之，朋友信之」

2朋友　此對等關係之本務，盡於「有信」二字，二千餘年來無變。但所謂「信」者，非僅言語上的誠實，亦包含心的誠實。心的誠實即是善相勸，過相規。『朋友切切偲偲，』孔子『君子以文會友，以友輔仁，』曾子『責善，朋友之道也，』孟子『講學以會友，則道益明。』朱熹無不力言朋友有相勉相勵之義務。因此愼選友朋一事，最爲重要：『近朱者赤，近墨者黑，』『入芝蘭之室，久而不聞香，入鮑魚之肆，久而不聞臭，』朋友所關如此其大，『益者三友，損者三友。』故選友亦可以說是我們在社會上重大本務之一。

此外尚有一種鄉黨中的本務，即對於老弱貧苦殘廢諸人之任卹便是。「任卹」一條定諸周禮，且鑄爲刑罰以促進之：『以鄉八刑糾萬民：一曰不孝之刑，二曰不睦之刑，三曰不婣之刑，四曰不弟之刑，五曰不任之刑，六曰不卹之刑，七曰造言之刑，八曰亂民之刑。』所謂任卹者，實在就是同情心的表現，如對於頒白者之提挈，爲之『輕任幷，重任分。』（見王制）對於疾病之相助，即今所謂公德底一部分。可惜我國眞正公德，只寥寥如此，且皆屬於消極方面，全不見有積極的行動。我們所有的，只不過善堂、義塚、育嬰、清節、施棺、施粥等等。難道社會道德，這樣就夠了嗎？

三　國家道德——君臣相互間底本務

「君臣」有廣狹二義：廣義的君臣，泛指一般階級及「僱主與被僱者」之關係，如言「王臣公，公臣大夫，大夫臣士，士臣皂，皂臣輿，輿臣隸，隸臣僚，僚臣僕，僕臣臺」皆是。但此處專述狹義的，即國家之元首與臣民間的關係。

中國素無國家，見上章所謂國君者，不過酋族首領之變相，酋族中英強超衆者，自可擁有若干領域。而受族衆之推戴。一旦酋長不英強超衆，當然被另一較強者推翻，這就所謂「禪讓」或「革命」之美詞，也就是五帝三王時代底君臣關係。秦以前大抵尚保持此關係，故孔子駁長沮等之言曰：「君臣之義如之何其廢之』？孟子亦屢言，「君臣有義」『君之視臣如手足，則臣視君如腹心，君之視臣如犬馬，則臣視君如國人，君之視臣如土芥，則臣視君如寇讎。』（離婁上）孔子又言：『君使臣以禮，臣事君以忠。』可見儒家雖唱尊王攘夷，固未嘗捧君於絕對神聖之高境。換言之，那時君臣關係猶爲相對的，君對臣應有相當待遇，臣對君，則即視其待遇如何而定，所謂『衆人遇我，衆人報之，國士遇我，國士報之』。（戰國時豫讓語）甚至君失道，臣可起而討戮：『聞誅一夫紂矣，未聞弑君也。』（孟子）君臣以義合，不合則去，無絕對服從之義務；即受俸最重，膺爵最高之「大臣」亦不過『以道事君，不可則止』，（論語）其他小官下民，自更輕淡，不消說了。

漢初，神秘怪想盛興，同時家族宗法亦已確定，君帝遂儗於家長，更進而儗於天之代表，君權遂臻於絕對。僞尙書曰：『惟天地萬物父母，惟人萬物之靈，亶聰明作元后，元后作民父母。』秦誓『天生民而立之君，使司牧之，羣物所以繫命，故戴之如天，親之如父母，仰之如日月，事之如神明，其或受霜雪之礙，雷電之威，則奉身歸命，有死無貳，故傳云：君天也，天可逃乎？此人臣所執之也。』春秋釋例君旣比於天，比於父，則君自可任意爲所欲爲，臣當絕對惟命是聽，『天王聖明，臣罪當誅，』『君要臣死，不得不死！』唐書忠義傳諸例，可概其餘。

淸以來，考證學興，古代眞相，多已顯現；繼以公羊學派之勃起，歐西學說之輸入，間接直接，促成民國對於君位革命之成功。看來此後君臣一倫，在中國已決無復燃之餘地，然我們已吃虧非淺了。中國因有君臣一倫之存在，且因家族制度之放大，投射於此關係之上，越時二千年之久，以至所謂「國家道德」一件事在我國絕不可見。國家對國民及國民對國家之本務，我們茫焉無所聞知，渺焉無所習練。今日內外急潮，相迫而至，民族民權底觀念，漸浸入於一般人的意識圈內，當局亦正努力於「政治訓練」之厲行，倘得循軌以進，前途當有一線之曙光。

四　此後的對他本務

綜核上列三方面（家族道德，鄉黨道德，國家道德），對他的本務，我們覺得其中最大的病症是：這些方式都建在片面的而非平等的原則之上。片面道德原是宗法制度維繫上必要的條件，而宗法制度下底片面道德；完全集中於一個「

孝」字。因此我國向來的本務（不但對他，連對己也在內）觀，只不過「孝」字底推演。難怪思想革命（如新文化運動等）底第一礮，準對着「孝」而發。我們雖不敢太抱樂觀，相信今日「孝」已被轟倒，已全然逐出我們同胞底意識界外；但我們確實知道「孝」是宗法社會下底產物，宗法社會在今日，事實上已漸就崩倒，它的魂靈——孝，自必遊離而消散無疑。我們此後底對他本務，必將站在平等與自由的原則上，否則決不能改建一個新社會，決不能與世界潮流相周旋，而歸入於淘汰的民族。

總之對他的本務，完全出發於人羣社會之存在與活動。社會變遷，本務方式亦必隨而變遷。中國今正在大脫殼時期，新家新國新社會，將與「新本務觀」同時出現。然在未出現之前，混亂糾紛成為漆黑一團糟，必待整理爬梳，批評研究，且加以試驗修改，飽嘗痛苦之經驗，方得共悟眞理之所在，而確定其爲新方式：這便是我們今日義不容辭底責任。